Skripte zur Mathematik

Stochastik

von

Christian Wyss

Skripte zur Mathematik

Stochastik

von

Christian Wyss

mathema

 tredition

© 2023 Dr. Christian Wyss

Verlagslabel: mathema (www.mathema.ch)

ISBN   Hardcover: 978-3-384-16132-1
       Paperback: 978-3-384-16131-4

Auflage 1.0

Druck und Distribution im Auftrag des Autors:
tredition GmbH, Heinz-Beusen-Stieg 5, 22926 Ahrensburg, Germany

Die Philosophie steht in diesem grossen Buch geschrieben, das unserem Blick
ständig offen liegt – ich meine das Universum –; aber das Buch ist nicht zu
verstehen, wenn man nicht zuvor die Sprache erlernt und sich mit den Buchstaben
vertraut gemacht hat, in denen es geschrieben ist. Es ist in der Sprache der
Mathematik geschrieben, und deren Buchstaben sind Kreise, Dreiecke und andere
geometrische Figuren, ohne die es dem Menschen unmöglich ist, ein einziges Bild
davon zu verstehen; ohne diese irrt man in einem dunklen Labyrinth herum.

Galileo Galilei: *„Il Saggiatore"* (1623)

Inhaltsverzeichnis

Einleitende Worte

Diese Skripte zur Mathematik sind im Rahmen des Gymnasialunterrichts entstanden. Sie können als eigenständiges Lern- und Übungsmaterial eingesetzt werden. Sie sind jedoch primär als *unterrichtsbegleitendes Material* konzipiert. Eine Einführung und Anleitung durch eine Lehrperson wird daher empfohlen.

Die Skripte enthalten *Lückentexte*. Sie dienen der Festigung des erworbenen Wissens und sollten im Plenum mit der gesamten Klasse ausgefüllt werden. Diese handschriftlichen Einträge helfen, die Schlüsselbegriffe und Aussagen zu verinnerlichen und Herleitungen und Beweise besser nachzuvollziehen.

Zu den Übungen

Um den Stoff zu vertiefen und zu festigen, halte ich es für unerlässlich, dass die Schülerinnen und Schüler eine Vielzahl von Übungen lösen. Die Skripte enthalten daher viele Übungen, die nicht nur das Erlernte festigen, sondern auch inner- und aussermathematische Anwendungen aufzeigen. Einige Übungen sind bewusst anspruchsvoller gestaltet und gehen über den üblichen Lehrstoff hinaus, können jedoch bei Bedarf übersprungen werden. Ein Stern ★ markiert, dass es sich bei der Aufgabe um eine zusätzliche Übung handelt, die über den obligatorischen Lernstoff hinausgeht. Im Folgenden werden die unterschiedlichen Übungstypen kurz erläutert.

Einstiegsbeispiel

Ein Einführungsbeispiel stellt eine Aufgabe dar, die eine neu einzuführende Thematik exemplarisch vorstellt. Diese Aufgabe soll die grundlegenden Begriffe der neuen Thematik vorwegnehmen und damit einführen. Dabei darf die Aufgabe einen gewissen Anspruch haben. Ein gemeinsames Lösen dieser Aufgaben im Plenum oder eine detaillierte Besprechung empfiehlt sich, um das Verständnis zu fördern.

Grundaufgaben

Eine Grundaufgabe ist eine Übungsaufgabe, die von den Schülerinnen und Schülern routiniert und sicher gelöst werden sollte. Durch die Bearbeitung mehrerer dieser Aufgaben sollen die Lernenden die Struktur verstehen und sich mit dem Lösungsweg vertraut machen, um ihn anschliessend situationsbezogen bei weiterführenden Aufgaben anwenden zu können.

Erarbeitungsaufgaben

Erarbeitungsaufgaben sind konzipiert, um den Lernstoff zu entwickeln und die Schülerinnen und Schüler konstruktivistisch an die neue Theorie heranzuführen.

Anwendungsaufgaben

Das erworbene theoretische Wissen hat in der Regel sowohl inner- als auch aussermathematische Anwendungen. Anwendungsaufgaben sollen die Fähigkeit zur Mathematisierung fördern und die Anwendbarkeit des Gelernten verdeutlichen.

Beweisaufgaben

In Beweisaufgaben lernen die Schülerinnen und Schüler, selbstständig einfache Beweise zu führen.

Zu den Titelbildern

Die Titelblätter bieten die Möglichkeit, verschiedene Aspekte der Mathematik mit den Schülerinnen und Schülern zu thematisieren. Dies umfasst insbesondere folgende Bereiche:

Mathematik und Ästhetik

Mathematik und Kunst stehen auf vielfältige Weise in Beziehung. Ihre Verbindung zeigt sich in Musik, Malerei, Architektur, Skulptur und Textilgestaltung etc. Die Titelblätter zielen darauf ab, die Schönheit der Mathematik anhand der bildenden Kunst aufzuzeigen.

Rechenhilfsmittel

„Es ist unwürdig, die Zeit von hervorragenden Leuten mit knechtischen Rechenarbeiten zu verschwenden, weil bei Einsatz einer Maschine auch der Einfältigste die Ergebnisse sicher hinschreiben kann." G. W. Leibniz (1673).
Der Mensch hat bereits in der Frühzeit Rechenhilfsmittel entwickelt, angefangen vom Kerbholz über mechanische Rechenmaschinen bis hin zu analogen und digitalen Computern. Die Titelblätter illustrieren diese Entwicklung.

Geschichte der Mathematik

Die Geschichte der Mathematik reicht zurück bis ins Altertum und den Anfängen des Zählens in der Jungsteinzeit. Mathematik wurde und wird in allen Kulturkreisen praktiziert. Die Titelblätter thematisieren bedeutende Werke der Mathematik sowie herausragende Mathematikerinnen und Mathematiker, die die Entwicklung dieser Disziplin massgeblich beeinflusst haben.

Zu den Inhalten

Allgemeines

Die Aufteilung des Stoffes in mehrere Skripte dient der Flexibilität bei der Gestaltung des Unterrichts. Da Mathematik eine stark hierarchische Struktur aufweist, kann der Stoff nicht in beliebiger Reihenfolge bearbeitet werden. Die Skripte sind in einer möglichen Bearbeitungsreihenfolge angeordnet.

Einige Skripte (Regressionsanalyse und Wahrscheinlichkeit) in diesem Sammelband behandeln auch Inhalte des fortgeschrittenen Curriculums. Bei diesen werden grundlegende mathematische Kenntnisse vorausgesetzt. Dazu gehören Kenntnisse in Arithmetik und Algebra: Termumformungen, Gleichungen (insbesondere lineare und quadratische), Potenzen und Logarithmen usw.

Im Folgenden wird kurz dargelegt, welches spezifische Vorwissen für jede Einheit zusätzlich erforderlich ist.

Kombinatorik

Behandelter Stoff

In diesem Skript werden die grundlegenden Abzähltechniken der Kombinatorik vermittelt. Das fundamentale Abzählprinzip wird verwendet, um geordnete (Variationen) und ungeordnete (Kombinationen) Stichproben mit oder ohne Zurücklegen zu behandeln. Dabei werden die Konzepte der Fakultät und des Binomialkoeffizienten eingeführt. Die beigefügte Werkstatt zur Kombinatorik dient als Einführung in das Thema.

Notwendiges Vorwissen

Die Kombinatorik erfordert nur sehr grundlegende mathematische Fähigkeiten und kann auf nahezu jeder Schulstufe behandelt werden.

Deskriptive Statistik

Behandelter Stoff

In diesem Skript werden verschiedene Arten von Daten sowie ihre Visualisierungen, einschliesslich des Boxplots, diskutiert. Es werden die Grundbegriffe der deskriptiven Statistik eingeführt (Stichprobenumfang, absolute und relative Häufigkeit etc.). Des Weiteren werden die beschreibenden Lageparameter (Mittelwert, Median und Modus) und Streuparameter (Spannweite, Interquartilsabstand, Varianz und Standardabweichung) behandelt, um anschliessend Daten damit auszuwerten (dies auch mit Bildung von Klassen). Abschliessend wird auf die Korrelation eingegangen, insbesondere auf den Pearson'sche-Korrelationskoeffizienten und den Ranglisten-Korrelationskoeffizienten, sowie auf das Konzept der Kausalität.

Notwendiges Vorwissen

Die deskriptive Statistik – so wie hier behandelt – erfordert nur sehr grundlegende mathematische Fähigkeiten und kann auf nahezu jeder Schulstufe behandelt werden.

Regressionsanalyse

Behandelter Stoff

Das Konzept der Regression wird eingeführt und anhand der linearen Regression im Detail diskutiert. Dabei werden die Ausdrücke für die Regressionsparameter hergeleitet und angewendet. Der Pearson-Korrelationskoeffizient, der Ranglisten-Korrelationskoeffizient und das Bestimmtheitsmaß werden ebenfalls erläutert. Zudem werden nichtlineare Regressionen wie exponentielle, logarithmische und Potenzregressionen mithilfe der Logarithmengesetze gelöst.

Notwendiges Vorwissen

Für die Herleitung der Regressionsparameter ist das Verständnis der Differentialrechnung erforderlich. Bei den nichtlinearen Regressionen werden die Logarithmengesetze angewendet, um die Modelle anzupassen.

Wahrscheinlichkeit

Behandelter Stoff

Die Wahrscheinlichkeit wird am Laplace-Experiment definiert, und die Grundbegriffe werden eingeführt, wie unmögliches und sicheres Ereignis, die logischen Verknüpfungen, Gegenereignis und unvereinbare Ereignisse. Auch die bedingte Wahrscheinlichkeit wird diskutiert, und es werden zahlreiche Anwendungsaufgaben dazu angeboten. Des Weiteren werden Zufallsvariablen und deren Verteilungen definiert, wobei Lage- und Streuparameter eingeführt werden. Spezielle Wahrscheinlichkeitsverteilungen wie die Gleichverteilung, Binomialverteilung und Normalverteilung werden im Detail studiert und für das Testen von Hypothesen angewendet.

Notwendiges Vorwissen

Die Kenntnis der Abzähltechniken (Kombinatorik) wird vorausgesetzt. Die Integralrechnung wird am Rand erwähnt, jedoch wird nur deren Notation verwendet. Es müssen jedoch keine Integrale berechnet werden.

Stochastik
Kombinatorik

In der Kombinatorik werden Techniken behandelt, mit deren Hilfe ohne direktes Abzählen die Anzahl möglicher Ausgänge bei einem Experiment bestimmt werden können. Wie viele Stellungen gibt es auf einem Rubik's Cube?

1. Fundamentales Abzählprinzip

Ein Beispiel

Aufgabe 1: Wir nehmen an, dass das Nummernschild eines Autos zwei verschiedene Buchstaben enthält, dem drei Ziffern folgen, wobei wir wissen, dass die erste nicht Null ist. Es gibt viele Möglichkeiten für solche Nummernschilder. Ein Beispiel ist: B X 4 5 3
Wie viele mögliche Nummernschilder dieser Art gibt es?

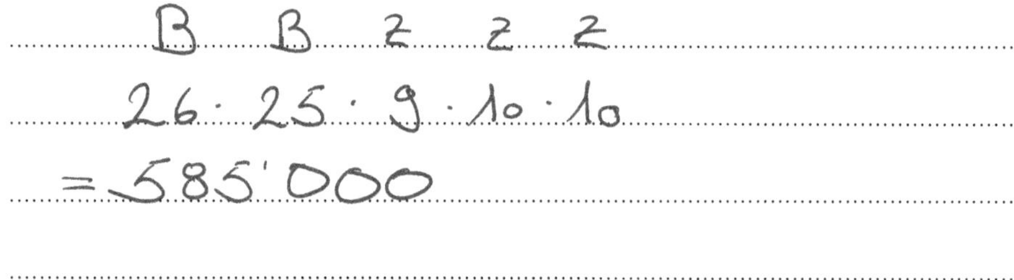

Die Anzahl Möglichkeiten bei den einzelnen Schritten werden multipliziert. Wir geben zuerst das folgende grundlegende Prinzip an:

Fundamentales Abzählprinzip

Satz: Kann ein Vorgang auf n_1 verschiedene Arten ausgeführt werden, danach ein weiterer auf n_2 verschiedene Arten, dem folgt ein dritter auf n_3 verschiedene Arten und so weiter, dann gibt es $n_1 \cdot n_2 \cdot n_3 \cdot \ldots$ verschiedene Möglichkeiten, den auf diese Weise (in dieser Reihenfolge) beschriebenen Gesamtvorgang auszuführen.

Aufgabe 2: Auf einen Berg führen 7 verschiedene Routen. Wie viele verschiedene Überschreitungen (Anstieg und Abstieg erfolgen auf verschiedenen Routen) sind möglich?

Aufgabe 3: Wie viele vierstellige Zahlen mit lauter ungeraden Ziffern gibt es?

Aufgabe 4: Wie viele Wörter der Form KVKVK (K: Konsonant [21], V: Vokal [5]) gibt es, wenn ein Buchstabe a) mehrmals, b) nur einmal verwendet werden darf?

Aufgabe 5: Wie viele verschiedene vierstellige Zahlen lassen sich aus den Ziffern 2, 3, 4, 5, 6, 8 bilden, wenn jede Ziffer nur einmal auftreten darf und die gesuchte Zahl ungerade sein soll?

2. Variationen

Geordnete Stichproben mit Zurücklegen

Wie viele Codes gibt es beim Mastermind, wenn auf vier
Steckplätzen Stifte mit sieben Farben gesteckt werden können?

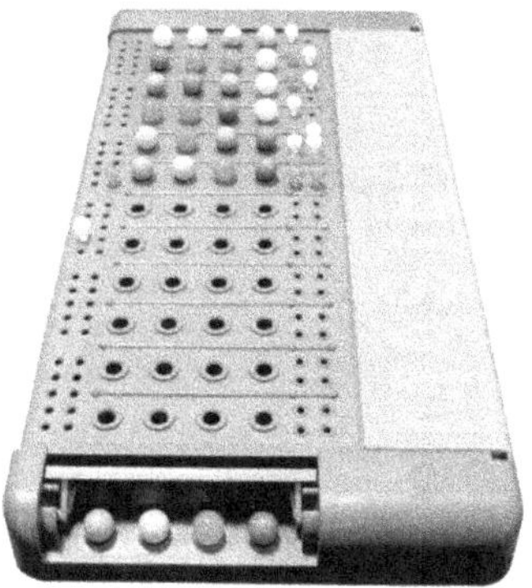

Aus einer Urne mit 6 verschieden Kugeln werden nacheinander 5 Kugeln gezogen. Nach dem Ziehen werden die
Kugeln jeweils wieder zurückgelegt. Wie viele Stichproben
gibt es?

Eine Urne enthält n Kugeln. Wir entnehmen dieser Urne nacheinander k Kugeln. Hierbei wird die
Kugel nach der Ziehung wieder in die Urne zurückgelegt. In dieser Stichprobe können also
Wiederholungen vorkommen. In diesem Fall stehen bei jeder Ziehung n Kugeln zur Auswahl.

Satz: Die Anzahl Möglichkeiten, ***geordnete Stichproben vom Umfang k mit Zurücklegen aus einer
Urne mit n Kugeln*** zu ziehen, ist

$$n^k$$

....

Aufgabe 6: Wie viele Ergebnisse sind möglich, wenn man
    a) eine Münze fünfmal hintereinander wirft?
    b) einen Würfel viermal hintereinander wirft?

Aufgabe 7: Ein Velo ist mit einem Zahlenschloss gesichert, bei dem 4 Einstellungen einer Ziffer
zwischen 0 und 9 möglich sind. Welche Zeit benötigt man, um sämtliche Einstellungen
auszuprobieren, wenn man für eine Einstellung durchschnittlich 4 Sekunden braucht?

Aufgabe 8: Ein Morsecode besteht aus den Zeichen Strich und Punkt. Wie viele Morsecodes lassen
sich mit bis zu 5 Zeichen zusammensetzen?

Aufgabe 9: Die Aufgabe steckt in diesem QR-Code. Scanne den
Code. Du musst den ganzen Text lesen. Die Frage ist ganz
am Schluss zu finden.

Geordnete Stichproben ohne Zurücklegen

Permutationen

Wie viele Wörter können mit den
Buchstaben des Wortes
DIALEKTFORSCHUNG
gebildet werden?
(Die Abbildung stellt die Wortwolke
der Wörter in diesem Skript dar.)

Definition: Eine Anordnung der n Elemente einer Menge in eine bestimmte Reihenfolge wird eine **Permutation** dieser Objekte genannt.

Bemerkung: Die n Elemente in der Menge sind unterscheidbar.
   Jedes Element der Menge kommt nur einmal vor.
   Wiederholungen sind also nicht zugelassen.
   Die Reihenfolge der Elemente ist bei der Permutation wesentlich.

Beispiel: Permutationen sind Vertauschungen (von lat. permutare „(ver)tauschen"). Wir betrachten die Buchstaben a, b, c und d. In diesem Beispiel gibt es 24 Permutationen:

Satz: Die Anzahl **Permutationen** von n verschiedenen Objekten ist:

$$P(n) = n \cdot (n-1) \cdot \ldots \cdot 3 \cdot 2 \cdot 1 = n!$$

Aufgabe 10: Auf wie viele Arten können 4 Kinder hintereinander auf einem Schlitten sitzen?

Aufgabe 11: Wie viele verschiedene Möglichkeiten der Aufstellung hat ein Fussballtrainer für die Spieler seiner Mannschaft, wenn nur der Torwart immer derselbe bleibt?

Aufgabe 12: Für das Elfmeterschiessen muss der Trainer 5 der 11 Spieler auf dem Platz benennen. Wie viele Möglichkeiten der Bestimmung der Reihenfolge der Schützen gibt es, nachdem die Kandidaten gewählt wurden?

Aufgabe 13: 3 Physikbücher, 4 Englischbücher und 5 Französischbücher sollen auf ein Regal gestellt werden (alle Bücher seien verschieden). Auf wie viele Arten ist dies möglich, wenn
   a) jede Anordnung erlaubt ist?
   b) rechts die Physik-, in der Mitte die Englisch- und links die Französischbücher stehen sollen?
   c) die Bücher desselben Faches nebeneinander stehen sollen?

Aufgabe 14: a) Auf wie viele Arten können sich 11 Personen in eine Reihe setzen? b) Auf wie viele Arten ist dies möglich, wenn zwei Personen unbedingt nebeneinander sitzen wollen?

Die Fakultät

Definition: Das Produkt aller natürlichen Zahlen von 1 bis n kommt häufig vor. Abkürzend schreibt man dafür das Symbol n! (gelesen *„n-Fakultät"*):

$$n! = 1 \cdot 2 \cdot 3 \cdot \ldots \cdot (n-2) \cdot (n-1) \cdot n \qquad n \in \mathbb{N}$$

Wir definieren noch: $0! = 1$

Beispiele: $7! = 7 \cdot 6 \cdot 5 \cdot 4 \cdot 3 \cdot 2 \cdot 1 = 5040$

$$1! = 1 \qquad\qquad 0! = 1$$

$$\frac{8!}{6!} = \frac{8 \cdot 7 \cdot 6 \cdot 5 \cdot 4 \cdot 3 \cdot 2 \cdot 1}{6 \cdot 5 \cdot 4 \cdot 3 \cdot 2 \cdot 1} = 8 \cdot 7 = 56$$

Aufgabe 15: Berechne

    a)   5!

    b)   10!

    c)   1!

    d)   0!

    e)   Wie kann der Taschenrechner die Fakultät berechnen?

Aufgabe 16: Berechne bzw. vereinfache:

    a) $\dfrac{5!}{4!}$

    b) $\dfrac{128!}{125!}$

    c) $\dfrac{x!}{(x-1)!}$

    d) $\dfrac{(n+2)!}{n!}$

Der allgemeine Fall

Aus einer Urne mit 6 verschieden Kugeln werden nacheinander 4 Kugeln gezogen. Nach dem Ziehen werden die Kugeln nicht wieder zurückgelegt. Wie viele Stichproben gibt es?

$$6 \cdot 5 \cdot 4 \cdot 3 = \frac{6!}{2!} = 720$$

Wie viele Wörter aus fünf verschiedenen Buchstaben kann man mit den Buchstaben des Wortes DIALEKTFORSCHUNG bilden?

$$16 \cdot 15 \cdot 14 \cdot 13 \cdot 12 = \frac{16!}{11!}$$
$$= 524'160$$

In einer Urne befinden sich n Kugeln. Wir entnehmen ihr nacheinander k Kugeln. Hierbei wird die Kugel nach der Ziehung nicht wieder zurückgelegt. Damit gibt es in dieser geordneten Stichprobe keine Wiederholungen.

Satz: Die Anzahl Möglichkeiten, **geordnete Stichproben vom Umfang k ohne Zurücklegen aus einer Urne mit n Kugeln** zu ziehen, ist

$$\frac{n!}{(n-k)!}$$

Aufgabe 17: 8 Sprinter kämpfen bei den Olympischen Spielen um die Medaillen. Auf wie viele Arten kann die Siegerehrung (Gold, Silber, Bronze) erfolgen?

Aufgabe 18: Auf wie viele Arten können sich

    a)   5 Personen auf 7 Stühle setzen?

    b)   Auf wie viele Arten können sich 7 Personen auf 5 Stühle setzen, wenn 2 Personen stehen bleiben?

Aufgabe 19: Wie viele ganze Zahlen, die aus lauter verschiedenen ungeraden Ziffern bestehen, existieren zwischen 100 und 999?

Aufgabe 20: Finde heraus, wie Du mit dem Taschenrechner auf einfache Art die Anzahl geordneter Stichproben vom Umfang k ohne Zurücklegen aus einer Urne mit n Kugeln ausrechnen kannst.

3. Kombinationen

Ungeordnete Stichproben ohne Zurücklegen

Wie viele Möglichkeiten gibt es, aus den
vier Karten Bauer B, Dame D, König K und
As A auf einmal drei Karten zu ziehen?

Wir überlegen uns zuerst die Anzahl
Variationen, d.h. die Anzahl
Möglichkeiten, drei Karten aus diesen vier
zu ziehen, wenn die Karten nacheinander,
also unter Berücksichtigung der
Reihenfolge, gezogen werden.

Bei einem Kartenspiel spielt die
Reihenfolge jedoch keine Rolle. Wir
überlegen uns also anschliessend auch die Anzahl Möglichkeiten, drei Karten aus diesen vier
Karten ohne Beachtung der Reihenfolge zu ziehen (Kombinationen).

Variationen	Kombination
BDK, BKD, DBK, …	BDK
BDA, ADB, DAB…	ABD
AKD, KAD, DAK…	ADK
BAK, KAB…	ABK

Bei der Kombination ist die Reihenfolge unwesentlich. Alle Variationen, die aus denselben
Buchstaben bestehen, ist dieselbe Kombination. Es gibt also weniger Kombinationen als
Variationen. Es sind …6…-mal weniger Kombinationen als Variationen.

Es kann auch eine Stichprobe gezogen werden, indem aus einer Urne einige Kugeln mit einem
Griff, also gleichzeitig, herausgezogen werden. Diese Stichprobe ist ungeordnet und
Wiederholungen sind nicht möglich.

Satz: Die Anzahl Möglichkeiten, *ungeordnete Stichproben vom Umfang k ohne Zurücklegen aus
einer Urne mit n Kugeln* zu ziehen, ist

$$\frac{n!}{k!\,(n-k)!} = \binom{n}{k}$$

Aufgabe 21: In einer Urne befinden sich 8 unterscheidbare Kugeln. Wie viele Möglichkeiten gibt es, wenn man

a)   3 Kugeln miteinander zieht?

b)   4 Kugeln miteinander zieht?

c)   5 Kugeln miteinander zieht?

Aufgabe 22: Eine Gruppe besteht aus 3 Mädchen und 9 Knaben.

a)   Auf wie viele Arten kann man aus ihr 4 Personen auswählen?

b)   Wie viele Möglichkeiten gibt es, wenn unter den 4 Personen genau ein Mädchen sein soll?

c)   Wie viele Möglichkeiten gibt es, wenn unter den 4 Personen mindestens ein Mädchen sein soll?

Aufgabe 23: Auf wie viele Arten kann man 36 Jasskarten gleichmässig auf 4 Spieler verteilen?

Aufgabe 24: Ein Schüler hat an einem Examen von 12 Aufgaben deren 9 zu lösen.

a)   Wie viele Auswahlmöglichkeiten hat er?

b)   Wie viele Auswahlmöglichkeiten hat er, wenn er die drei ersten Aufgaben beantworten muss?

c)   Wie viele Auswahlmöglichkeiten hat er, wenn er von den 6 ersten Aufgaben genau 5 lösen muss?

d)   Wie viele Auswahlmöglichkeiten hat er, wenn er von den 6 ersten Aufgaben mindestens 5 lösen muss?

Aufgabe 25: In einem Parlament sind 3 Parteien vertreten: 60 Konservative, 40 Erzkonservative und 20 Ultrareaktionäre. Wie viele 10-er Kommissionen lassen sich mit dem Verteilungsschlüssel 5 Konservative, 4 Erzkonservative und 1 Ultrareaktionärer bilden?

Aufgabe 26: Wie viele mögliche Spielausgänge (Kombinationen) gibt es beim Schweizer Zahlenlotto? Tipp: Beim Lotto „6 aus 45" werden 6 Zahlen aus 45 gezogen.

Der Binomialkoeffizient

Definition: Der **Binomialkoeffizient** $\binom{n}{k}$, gelesen „n über k" oder „k aus n", wobei k und n

natürliche Zahlen mit $k \leq n$ sind, wird wie folgt definiert:

$$\binom{n}{k} = \frac{n!}{(n-k)!\,k!}$$

Aufgabe 27: Berechne: a) $\binom{7}{3}$ b) $\binom{100}{98}$ c) $\binom{15}{15}$

d) $\binom{15}{0}$ e) $\binom{22}{4}$ f) $\binom{22}{18}$

Aufgabe 28: Berechne: a) $\binom{0}{0}$ b) $\binom{n}{0}$ c) $\binom{n}{n}$

Aufgabe 29: Berechne den Binomialkoeffizienten für:

a) n = 2 und k = 0, 1, 2

b) n = 3 und k = 0, 1, 2, 3

c) n = 4 und k = 0, 1, 2, 3, 4

Kommen Dir diese Zahlenreihen bekannt vor?

Aufgabe 30: Für welches n gilt: $\binom{n}{2} = \binom{n}{3}$?

Aufgabe 31: Dein Taschenrechner kann den Binomialkoeffizienten $\binom{n}{k}$ berechnen. Wie geht das?

Aufgabe 32: Zeige, dass $\binom{n}{k} = \binom{n}{n-k}$ gilt.

Satz: Die **Binomialkoeffizienten** $\binom{n}{k}$ lassen sich im .Pascalschen.Dreieck ablesen.

Es handelt sich um die Koeffizienten der Potenzen von .Binomen.... $(a+b)^n$

Eigenschaften: Für den Binomialkoeffizienten gilt:

$$\binom{n}{0} = \binom{n}{n} = 1 \qquad \text{(Randwerte)}$$

$$\binom{n}{k} = \binom{n}{n-k} \qquad \text{(Symmetrie)}$$

$$\binom{n+1}{k+1} = \binom{n}{k} + \binom{n}{k+1} \qquad \text{(Rekursionsformel)}$$

Ungeordnete Stichproben mit Zurücklegen

Wie viele Möglichkeiten gibt es, die 7 Bundesratssitze auf die vier Parteien SP, Mitte, FDP und SVP zu verteilen? Beziehungsweise wie viele Möglichkeiten gibt es, 7 Streichhölzer auf 4 Schachteln zu verteilen?

Oder: Aus einer Urne mit 4 unterschiedlichen Kugeln wird 7-mal eine Kugel gezogen und jeweils wieder zurückgelegt. Wie viele Möglichkeiten gibt es, wenn wir die Reihenfolge der gezogenen Kugeln nicht berücksichtigen?

$$x\,x \mid x\,x\,x \mid x \mid x$$
$$\text{SP} \qquad \text{Mitte} \qquad \text{FDP} \quad \text{SVP}$$

$$\frac{((4-1)+7)!}{(4-1)!\,7!} \qquad \begin{array}{l} n = 4 \\ k = 7 \end{array}$$

Es kann auch eine Stichprobe mit Zurücklegen gezogen werden, die Reihenfolge der gezogenen Kugeln wird dabei jedoch nicht beachtet!

Satz: Die Anzahl Möglichkeiten, *ungeordnete Stichproben vom Umfang k mit Zurücklegen aus einer Urne mit n Kugeln* zu ziehen, ist

$$\frac{n+k-1}{(n-1)!\,k!} = \binom{n+k-1}{k}$$

Aufgabe 33: Auf wie viele Arten können 12 Zündhölzer auf 8 Schachteln verteilt werden?

Aufgabe 34: Aus einer Urne mit 49 durchnummerierten Kugeln werden 6 Kugeln nacheinander mit Zurücklegen entnommen. Wie viele Möglichkeiten gibt es, wenn die Kugeln den Nummern nach geordnet werden?

Aufgabe 35: Auf wie viele Arten können die 7 Bundesratssitze auf die sechs Parteien (SVP, FDP, Mitte, SP, Grüne und GLP) verteilt werden?

Aufgabe 36: Für eine Gartenmauer werden total 42 Ziegelsteine benötigt. Im Baumarkt stehen drei verschiedene Sorten zur Verfügung. Auf wie viele verschiedene Arten kann beim Kauf die Auswahl der Steine getroffen werden?

4. Zusammenfassung

In der Kombinatorik wird häufig das Problem betrachtet, aus einer Urne, die Kugeln enthält, einige Kugeln zu entnehmen (oder aus einem Kartenspiel eine Karte zu ziehen bzw. eine Person aus einer Gruppe auszuwählen etc). Es gibt mehrere Möglichkeiten, Kugeln aus der Urne zu entnehmen:

geordnet und ungeordnet

mit oder ohne Zurücklegen

Definition: Entnehmen wir der Urne …hintereinander… einige Kugeln, so sprechen wir von einer …geordneten. Stichprobe (*Variationen*).

Definition: Entnehmen wir der Urne …miteinander… einige Kugeln, so sprechen wir von einer …ungeordneten.. Stichprobe (*Kombinationen*).

Aufgabe 37: Notiere am Ende der Pfade in diesem Diagramm, welche Formel für diesen Fall gebraucht wird. In der Urne befinden sich n Kugeln. Die Stichprobe hat den Umfang k.

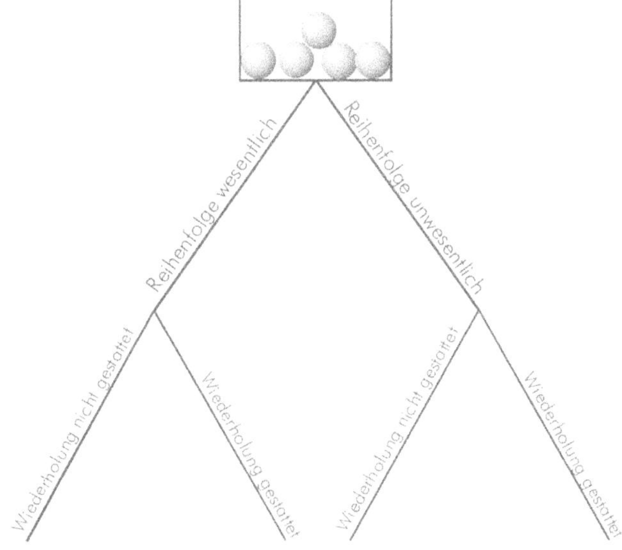

Aufgabe 38: In einer Urne befinden sich 8 weisse, 3 rote und eine schwarze Kugel. Man zieht drei Kugeln miteinander aus der Urne. Wie viele Möglichkeiten gibt es, wenn

a) alle drei Kugeln weiss sein sollen?

b) alle Farben vertreten sein sollen?

Aufgabe 39: Gegeben sind die Ziffern 1, 2, 3, 4, 5, 6 und 7.

a) Wie viele dreistellige Zahlen mit verschiedenen Ziffern lassen sich bilden?

b) Wie viele davon sind kleiner als 600?

c) Wie viele davon (Aufgabe a) sind durch 5 teilbar?

Aufgabe 40: Ein Zug besteht aus fünf Wagen 2. Klasse, vier Wagen 1.Klasse und zwei Gepäckwagen. Wie viele verschiedene Wagenfolgen sind möglich (die Wagen sind unterscheidbar), wenn

a) die Reihenfolge der Wagen beliebig sein darf?

b) Wagen derselben Art aneinander gehängt werden müssen?

Aufgabe 41: Ein Würfel wird viermal hintereinander geworfen.

a) Wie viele Wurfbilder sind insgesamt möglich?

b) Wie viele Wurfbilder sind möglich, bei denen mindestens dreimal eine 6 erscheint?

Aufgabe 42: Wie viele Möglichkeiten gibt es,

a) die 36 Jasskarten so auf die 4 Spieler A, B, C, D zu verteilen, dass der Spieler A alle vier Asse erhält?

b) die 36 Jasskarten so auf die 4 Spieler A, B, C, D zu verteilen, dass jeder Spieler genau ein Ass erhält?

Aufgabe 43: Auf wie viele Arten kann man die Buchstaben von

a) BIEL b) OTTO c) MISSISSIPPI d) Deinem Vornamen

permutieren?

Permutationen von gleichen Objekten

Oft will man die Anzahl der Permutationen von Objekten wissen, die nicht alle verschieden sind.

Aufgabe 44: Wie viele verschiedene Möglichkeiten gibt es, aus 4 gleichen roten Fahnen, 3 gleichen weissen Fahnen und einer blauen Fahne ein Signal von 8 nebeneinanderhängenden Fahnen zu bilden? Wir suchen also die Anzahl Permutationen von 8 Objekten, von denen je 4 (die roten Fahnen) und je 3 (die weissen Fahnen) gleich sind.

Es gibt ....$8!$.... Permutationen. Von diesen sind jedoch ..$4!$... (rote Fahnen) Permutationen und ...$3!$.... (weisse Fahnen) identisch. Es ergibt sich also:

$$8! : (4! \, 3! \, 1!) = 280$$

Satz: Die Anzahl der Permutationen von n Objekten, von denen je n_1, je n_2, ... und je n_m gleich sind, ist:

$$\frac{n!}{n_1! \, n_2! \cdot \ldots \cdot n_m!}$$

Aufgabe 45: Fülle die fehlenden Formeln ein.

Problemtyp	Reihenfolge	Wiederholung	Formel
Geordnete Stichprobe vom Umfang k aus n Elementen ohne Zurücklegen *Spezialfall*: k = n (Permutationen) *Spezialfall*: k = n und je n_1, je n_2, … und je n_m Objekte sind identisch	Reihenfolge wesentlich	Wiederholung nicht gestattet	
Geordnete Stichprobe vom Umfang k aus n Elementen mit Zurücklegen	Reihenfolge wesentlich	Wiederholung gestattet	
Ungeordnete Stichprobe vom Umfang k aus n Elementen ohne Zurücklegen	Reihenfolge unwesentlich	Wiederholung nicht gestattet	
Ungeordnete Stichprobe vom Umfang k aus n Elementen mit Zurücklegen	Reihenfolge unwesentlich	Wiederholung gestattet	

Aufgabe 46: Wie viele Buchstabenfolgen kann man mit den Buchstaben des Wortes „CARAMBA" bilden? Wie viele davon beginnen weder mit einem C noch mit einem M?

Aufgabe 47: Bestimme die Anzahl 7-stelliger Telefonnummern,

    a)   die weder mit 0 noch mit 1 beginnen.

    b)   die mindestens zwei gleiche Ziffern haben (sie dürfen mit 0 oder 1 beginnen).

Aufgabe 48: Ein lediger Schlossherr ist mit 15 Ehepaaren befreundet. In seinem Salon befindet sich aber nur Platz für ein Galadinner mit 13 Personen, ihn eingeschlossen (Ehepaare erscheinen miteinander). Auf wie viele Arten

    a)   kann er seine Gästeliste zusammenstellen?

    b)   Auf wie viele Arten ist das möglich, wenn sich die Ehepaare A und B überhaupt nicht vertragen und nicht miteinander eingeladen werden können?

Aufgabe 49: Autonummernschilder:

    a)   Wie viele Autonummernschilder mit 2 verschiedenen Buchstaben und 3 verschiedenen Ziffern (in dieser Reihenfolge) gibt es?

    b)   Löse die Aufgabe unter der Annahme, dass die erste Ziffer nicht die 0 ist.

Aufgabe 50: Zwischen den Städten A und B gibt es 6 Strassenverbindungen, zwischen B und C gibt es 4.

    a)   Wie viel Möglichkeiten gibt es, von A über B nach C zu fahren?

    b)   Auf wie viele Arten kann man von A nach C und zurückfahren, wenn man beide Male durch B fährt?

    c)   Wie viele Möglichkeiten gibt es für die Hin- und Rückreise in b), wenn man keine der Strassen zweimal benutzt?

Aufgabe 51: Wie viel Möglichkeiten gibt es für 6 Kinder, sich auf einen Schlitten zu setzen, a) wenn es keine Rolle spielt, wer steuert, b) wenn ihn nur 3 davon steuern können?

Aufgabe 52: Möglichkeiten für Personen, in einer Reihe zu setzen:

   a)   Wie viele Möglichkeiten gibt es für 5 Personen, sich in eine Reihe zu setzen?

   b)   Wie viele Möglichkeiten gibt es, wenn zwei der Personen unbedingt nebeneinander sitzen wollen?

Aufgabe 53: Löse die vorhergehende Aufgabe für die möglichen Sitzordnungen für 5 Personen an einem runden Tisch. Es soll keine Rolle spielen, wie die Personen im Raum sitzen, ausschlaggebend ist nur die Anordnung der Nachbarn.

Aufgabe 54: Kombinatorik an Buchstaben und Wörtern:

   a)   Bestimme die Zahl der Worte mit 4 Buchstaben, die man aus den Buchstaben des Wortes MORGENS bilden kann. Wie viele von ihnen

   b)   enthalten nur Konsonanten?   c) beginnen und enden mit einem Konsonanten?

   d)   beginnen mit einem Vokal?   e) enthalten den Buchstaben S?

   f)   beginnen mit G und enden mit einem Vokal?

   g)   beginnen mit G und enthalten ein R?   h) enthalten beide Vokale?

Aufgabe 55: Wie viele verschiedene Signale aus 8 untereinander hängenden Fahnen kann man mit 4 roten, 2 blauen und 2 grünen Fahnen gleicher Art bilden?

Aufgabe 56: Bestimme die Anzahl der Permutationen, die aus allen Buchstaben jedes einzelnen Wortes gebildet werden können: a) Welle, b) Kellertür, c) Eisenstange, d) Lappland.

Aufgabe 57: Möglichkeiten für Personen, in einer Reihe zu sitzen:

   a)   Bestimme die Anzahl der Möglichkeiten, wie 4 Jungen und 4 Mädchen so in einer Reihe sitzen können, dass nie zwei Jungen oder zwei Mädchen nebeneinander sitzen.

   b)   Löse das gleiche Problem unter der Annahme, dass ein Junge und ein Mädchen befreundet sind und nebeneinander sitzen wollen.

   c)   Was ergibt sich in a), wenn einer der Jungen und ein Mädchen nicht nebeneinander sitzen wollen?

Aufgabe 58: Löse die vorhergehende Aufgabe für die Sitzordnungen an einem runden Tisch.

Aufgabe 59: Eine Urne enthält 10 Kugeln. Bestimme die Anzahl der geordneten Stichproben vom Umfang

   a)   3 mit Zurücklegen,

   b)   3 ohne Zurücklegen,

   c)   4 mit Zurücklegen und

   d)   5 ohne Zurücklegen.

Aufgabe 60: Wie viel Möglichkeiten gibt es, 5 grosse und 4 mittelgrosse Bücher sowie 3 Taschenbücher so auf ein Bücherbrett zu stellen, dass die Bücher gleichen Formats nebeneinander stehen?

Aufgabe 61: Wir betrachten alle dreistelligen Zahlen mit verschiedenen Ziffern. Beachte, dass sie nicht mit 0 anfangen können.

a) Wie viele davon sind grösser als 700?

b) Wie viel sind ungerade?

c) Wie viele sind gerade?

d) Wie viele sind durch 5 teilbar?

Aufgabe 62: a) Bestimme die Anzahl der verschiedenen Permutationen, die aus allen Buchstaben des Wortes SEEWEG gebildet werden können. b) Wie viele von ihnen beginnen und enden mit E? c) In wie vielen stehen die 3 E nebeneinander? d) Wie viele beginnen mit E und enden mit G?

Aufgabe 63: Ein Ehepaar hat 11 gute Bekannte. Wie viel Möglichkeiten gibt es, 5 davon zum Essen einzuladen?

a) Ganz allgemein.

b) Wenn sich ein Ehepaar darunter befindet, von dem keiner allein kommen will.

c) Wenn zwei der Bekannten sich nicht gut verstehen und deshalb nicht zusammentreffen wollen.

Aufgabe 64: Ein Student muss in einer Klausur 10 von 13 Aufgaben lösen. Wie viel Auswahlmöglichkeiten hat er a) insgesamt, wenn er b) die ersten beiden, c) genau eine der ersten beiden, d) genau 3 der ersten 5, e) mindestens 3 der ersten 5 Aufgaben lösen muss?

Aufgabe 65: (i) Wie viele Worte mit 5 Buchstaben, die 3 verschiedene Konsonanten und 2 verschiedene Vokale enthalten, gibt es? (Tipp: 26 Buchstaben, davon 5 Vokale) Wie viele davon (ii) enthalten den Buchstaben b, (iii) enthalten die Buchstaben b und c, (iv) beginnen mit b und enthalten den Buchstaben c, (v) beginnen mit b und enden mit c, (vi) enthalten die Buchstaben a und b, (vii) beginnen mit a und enthalten den Buchstaben b, (viii) beginnen mit b und enthalten ein a, (ix) beginnen mit a und enden mit b, (x) enthalten die Buchstaben a, b und c?

Aufgabe 66: Wir betrachten 10 Punkte A, B, ... der Ebene derart, dass davon keine 3 auf einer Geraden liegen.

a) Wie viel Geraden sind durch die Punkte bestimmt?

b) Wie viel davon gehen nicht durch A oder B?

c) Wie viel Dreiecke sind durch die Punkte bestimmt?

d) Wie viele davon enthalten den Punkt A?

e) Wie viele davon enthalten die Strecke AB als Seite?

Lösungen

Titelblatt:

Anzahl Stellungen eine Rubik's Cubes ist:

$$\frac{8! \cdot 3^8 \cdot 12! \cdot 2^{12}}{3 \cdot 2 \cdot 2} = 43'252'003'274'489'856'000$$

Diese ergeben sich aus:

- 8 Positionen, an denen sich die Eckwürfel befinden können. Dabei kann der erste alle 8 Positionen einnehmen, der zweite noch 7 und so weiter, wodurch die Zahl der Kombinationen der Fakultät von 8 entspricht (8!).
- 3 Orientierungen, die jeder Eckwürfel einnehmen kann (3^8).
- 12 Positionen, an denen sich die Kantenwürfel befinden können (12!).
- 2 Orientierungen, die jede Kante einnehmen kann (2^{12}).

Der Nenner ergibt sich aus drei Bedingungen, die gelten, wenn der Würfel verdreht, aber nicht auseinandergenommen wird:

- Sieben der acht Eckwürfel lassen sich nach Belieben orientieren, während die Orientierung des achten dadurch erzwungen wird (3).
- Elf der zwölf Kantenwürfel lassen sich nach Belieben orientieren, während die Orientierung des zwölften erzwungen wird (2).
- Es lassen sich weder allein zwei Eckwürfel vertauschen noch lassen sich allein zwei Kanten vertauschen. Die Anzahl der paarweisen Vertauschungen muss immer gerade sein (2).

1. 585'000

2. 42

3. 625

4. a) 231'525
   b) 159'600

5. 120

6. a) 32
   b) 1296

7. 40'000 s

8. 62

9. $2^{10'000} = 1.995 \cdot 10^{3'010}$
   3011 Stellen

10. 24

11. 3'628'800

12. 120

13. a) 479'001'600
    b) 17'280
    c) 103'680

14. a) 39'916'800
    b) 7'257'600

15. a) 120
    b) 3'628'800
    c) 1
    d) 1
    e) siehe User Manual

16. a) 5
    b) 2'048'256
    c) x
    d) $(n + 2)(n + 1)$

17. 336

18. a) 2'520
    b) 2'520

19. 60

20. siehe User Manual

21. a) 56
    b) 70
    c) 56

22. a) 495
    b) 252
    c) 369

23. 21'452'752'266'265'320'000

24. a) 220
    b) 84
    c) 90
    d) 110

25. 9'982'551'633'600

26. 8'145'060

27. a) 35
    b) 4950
    c) 1
    d) 1
    e) 7'315
    f) 7'315

28. a) 1
    b) 1
    c) 1
    Die Randwerte des Binomialkoeffizienten sind 1.

29. a) 1, 2, 1
    b) 1, 3, 3, 1
    c) 1, 4, 6, 4, 1
    Pascal'sches Dreieck

30. 5

31. siehe User Manual

32. Der Binomialkoeffizient ist symmetrisch!

$$\binom{n}{(n-k)} = \frac{n!}{(n-(n-k))!\,(n-k)!} =$$

$$\frac{n!}{(n-n+k)!\,(n-k)!} =$$

$$\frac{n!}{(k)!\,(n-k)!} = \frac{n!}{(n-k)!\,k!} = \binom{n}{k}$$

33. 50'388

34. 25'827'165

35. 792

36. 946

37. Formeln von links nach rechts:

$$\frac{n!}{(n-k)!} \qquad n^k \qquad \binom{n}{k} \qquad \binom{n+k-1}{k}$$

38. a) 56
    b) 24

39. a) 210
    b) 150
    c) 30

40. a) 39'916'800
    b) 34'560

41. a) 1'296
    b) 21

42. a) 45'888'240'141'744'000
    b) 2'389'466'218'809'384'000

43. a) 24
    b) 6
    c) 34'650
    d) –

44. 280

45. Von oben:

$$\frac{n!}{(n-k)!}$$

$$n!$$

$$\frac{n!}{n_1!\,n_2!\,...\,n_m!}$$

$$n^k$$

$$\binom{n}{k}$$

$$\binom{n+k-1}{k}$$

46. 840
    600

47. a) 8'000'000
    b) 9'395'200

48. a) 5'005
    b) 4'290

49. a) 468'000
    b) 421'200

50. a) 24
    b) 576
    c) 360

51. a) 720
    b) 360

52. a) 120
    b) 48

53. a) 24
    b) 12

54. a) 840
    b) 120
    c) 400
    d) 240
    e) 480
    f) 40
    g) 60
    h) 240

55. 420

56. a) 30
    b) 45'360
    c) 1'663'200
    d) 5'040

57. a) 1'152
    b) 504
    c) 648

58. a) 144
    b) 72
    c) 72

59. a) 1'000
    b) 720
    c) 10'000
    d) 30'240

60. 103'680

61. a) 216
    b) 320
    c) 72 enden mit 0 und 256 enden mit den
       anderen geraden Ziffern; also sind insgesamt
       72+256 = 328 gerade.
    d) 72 enden mit 0 und 64 mit 5;
       also sind im ganzen 136 durch 5 teilbar.

62. a) 120
    b) 24
    c) 24
    d) 12

63. a) 462
    b) 210
    c) 378

64. a) 286
    b) 165
    c) 110
    d) 80
    e) 276

65. (i) 1'596'000
    (ii) 228'000
    (iii) 22'800
    (iv) 4'560
    (v) 1'140
    (vi) 91'200
    (vii) 18'240
    (viii) 18'240
    (ix) 4'560
    (x) 9'120

66. a) 45
    b) 28
    c) 120
    d) 36
    e) 8

Bildquellen

Posten: Buchstaben

a) Wie viele Wörter mit 3 Buchstaben können mit den Buchstaben G, U, T geschrieben werden. Das Wort muss keinen Sinn ergeben? Schreibe sie dazu systematisch auf.

b) Wie viele Wörter mit 4 Buchstaben kann man mit den Buchstaben S, T, A, R schreiben?

c) Erkennst Du eine Berechnungsmöglichkeit für die Anzahl Wörter mit n verschiedenen Buchstaben? Versuche dazu ev. auch noch Wörter mit 5, 6 oder 7 Buchstaben zu bilden.

d) Zähle alle Wörter mit 4 Buchstaben auf, die man mit den Buchstaben E, I, E, R schreiben kann. Wie viele sind es? Schreibe sie systematisch auf.

e) Zähle alle Wörter mit 6 Buchstaben auf, die man mit den Buchstaben N, E, N, N, E, R schreiben kann. Schreibe die Wörter auch hier systematisch auf. Erkennst Du auch eine Berechnungsmöglichkeit für die Anzahl?

Die Wortwolken am Rand stellen die Häufigkeiten der Wörter im Skript *Stochastik: Kombinatorik* dar. In der obersten Wolke wurden alle Worte ausgezählt. In der nächsten Wolke wurden die Zahlen nicht mit berücksichtig. Bei der untersten Wolke wurden zusätzlich auch alle Partikeln und Pronomen nicht mitgezählt.

Posten: Mastermind

Mastermind ist ein Logikspiel für zwei Personen, das mit farbigen Stiften gespielt wird, die in ein spezielles Gestell gesteckt werden. Ein Spieler (der Codierer) legt zu Beginn einen geordneten Farbcode fest, der aus mehreren Farben ausgewählt wird. Ein Code ist also zum Beispiel: Rot Rot Schwarz Blau. Der andere Spieler (der Rater) versucht, den Code herauszufinden.

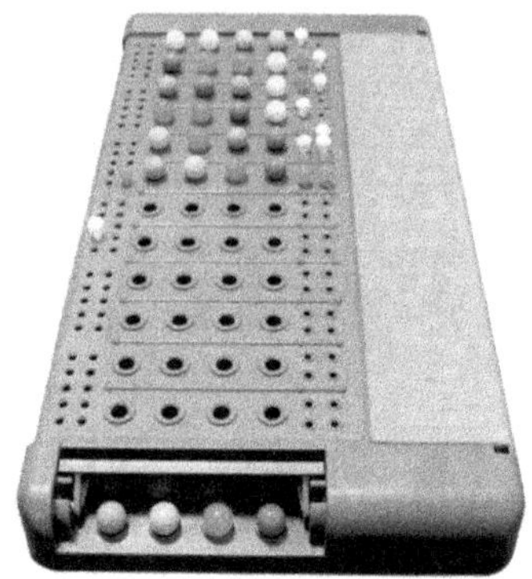

a) Beginnen wir einfach: Der Code besteht nur aus den Farben Rot und Blau und nur zwei Steckplätzen. Eine Farbe kann auch mehrmals verwendet werden. Wie viele mögliche Codes gibt es?

b) Nehmen wir die Farbe Gelb dazu (immer noch zwei Steckplätze) Wie steht es jetzt? Schreibe die Varianten systematisch auf. Erkennst Du ein Gesetz? Überprüfe Dein Gesetz, indem Du noch Schwarz dazu nimmst.

c) Nehmen wir jetzt alle 4 Steckplätze und die fünf Farben Rot, Blau, Gelb, Grün und Schwarz. Wie viele Möglichkeiten gibt es?

d) Man kann das Spiel so vereinfachen, dass jede Farbe nur einmal vorkommen darf. Wie viele Codes können mit vier Farben auf vier Plätzen mit dieser Regel erstellt werden?

e) Jetzt gehen wir aufs Ganze! Wie viele Farbkombinationen gibt es, wenn alle sechs Farben auf den vier Plätzen verteilt werden und
   i) jede Farbe wiederholt vorkommen darf?
   ii) jede Farbe nur einmal vorkommen darf?

f) Gelingt es Dir, eine Formel für n Farben auf k Plätzen aufzustellen, falls
   i) jede Farbe wiederholt vorkommen darf?
   ii) jede Farbe nur einmal vorkommen darf?

Bildquellen

„Mastermind" von ZeroOne via Wikimedia Commons (Creative Commons BY-SA 2.0)
Die Creative Commons Lizenzen sind unter https://creativecommons.org/ erhältlich.
Werkstatt erstellt von Ramona Häberli im Rahmen ihrer Maturarbeit am Gymnasium Biel-Seeland „15 Sekundanerinnen, 12 Lektionen, 1 Thema: Kombinatorik-Unterricht für die eigene Klasse" (2014)
Das vorliegende Skript wurde von Dr. Christian Wyss erstellt und ist unter www.mathema.ch zu beziehen.

Posten: Jass-Karten verteilen

Ein Jass-Spiel besteht aus 36 Karten, die beim Schieber auf 4 Spieler verteilt werden. Wir wollen uns der Frage annähern, auf wie viele Arten das geschehen kann.

a) Wir beginnen einfach: Nimm nur die vier Könige (Karo, Herz, Pik, Kreuz). Ein Spieler erhält zwei der vier Könige. Wie viele Möglichkeiten gib es für die Karten dieses Spielers?

b) Nehmen wir noch eine weitere Karte dazu, z.B. die Pik-Damen. Der Spieler bekommt immer noch 2 Karten. Wie viele Möglichkeiten gibt es jetzt für die Karten dieses Spielers? Und wenn aus 6 Karten (z.B. noch die Herz-Dame) gezogen wird? Schreibe die Kombinationen systematisch auf. Erkennst Du eine Gesetzmässigkeit?

c) Wir ziehen wieder nur aus den vier Königen, geben dem Spieler jetzt aber 3 Karten. Wie viele Möglichkeiten gibt es nun?

d) Indem Du nun die Anzahl n Karten insgesamt und die Anzahl k Karten, die der Spieler erhält, variierst, kannst Du die folgende Tabelle ausfüllen. Erkennst Du eine Gesetzmässigkeit in der Tabelle?

	n = 1	n = 2	n = 3	n = 4	n = 5	n = 6
k = 1						
k = 2						
k = 3						
k = 4						
k = 5						

Posten: Zündholzschachteln und das Bundesratsmodell

Vor Dir liegen 4 Zündholzschachteln und 7 Streichhölzer. Es geht darum, die Hölzer in die Schachteln zu
legen. Das Ganze kann als Modell für die Bundes-
ratssitzverteilung unter den vier Parteien SVP, SP, FDP
und Mitte angesehen werden. Pro Streichholz in der
Schachtel hat die entsprechende Partei einen Sitz im
Bundesrat. (Das Bild zeigt den ersten Bundesrat der
1848 gewählt wurde. Alles Männer, alles liberal-
radikale Fraktion, heute FDP).

a) Bevor wir fragen, wie viele Verteilungen
theoretisch möglich sind, beginnen wir leicht
vereinfacht, mit nur 2 Schachteln (wähle die
Parteien, die Dir am sympathischsten sind) und 2
Streichhölzern. Zähle die möglichen
Kombinationen auf.

b) Mit 2 Schachteln und 3 Hölzern.

c) Mit 2 Schachteln und 4 Hölzern. Entdeckst Du eine Gesetzmässigkeit?

d) Nimm nun eine Schachtel dazu und beginn dafür wieder mit 2 Hölzern. Dann 3, dann 4
Hölzer. Notiere die Kombinationen systematisch.

e) Fasse Deine Ergebnisse in einer Tabelle zusammen. Erkennst Du eine Gesetzmässigkeit in der
Tabelle?

Schachtel \ Hölzchen	1	2	3	4
1				
2				
3				
4				

f) Wie viele Verteilungen der Bundesratssitze auf die vier grossen Parteien sind möglich?

Lösungen

Posten 1

a) GUT, GTU, TUG, TGU, UTG, UGT
     $3 \cdot 2 \cdot 1 = 3! = 6$ Wörter
b) $4 \cdot 3 \cdot 2 \cdot 1 = 4! = 24$ Wörter
c) $5 \cdot 4 \cdot 3 \cdot 2 \cdot 1 = 5! = 120$ Wörter
     $6 \cdot 5 \cdot 4 \cdot 3 \cdot 2 \cdot 1 = 6! = 720$ Wörter
     $7 \cdot 6 \cdot 5 \cdot 4 \cdot 3 \cdot 2 \cdot 1 = 7! = 5040$ Wörter
     ...
     $n \cdot (n-1) \cdot (n-2) \cdot \ldots \cdot 4 \cdot 3 \cdot 2 \cdot 1 = n!$
d) $(4 \cdot 3 \cdot 2 \cdot 1)/(2 \cdot 1) = 4!/2! = 12$
e) $(6 \cdot 5 \cdot 4 \cdot 3 \cdot 2 \cdot 1)/(3 \cdot 2 \cdot 1 \cdot 2 \cdot 1) = 6!/(3! \cdot 2!) = 60$

Posten 2

a) $2^2 = 4$
b) $3^2 = 9$ (mit 3 Farben)
     $4^2 = 16$ (mit 4 Farben)
     n^2 (mit n Farben)
c) $5^4 = 625$
d) $4 \cdot 3 \cdot 2 \cdot 1 = 4! = 24$
e) i) $6^4 = 1296$
     ii) $6 \cdot 5 \cdot 4 \cdot 3 = 6!/2! = 360$
f) i) n^k
     ii) $n \cdot (n-1) \cdot (n-2) \cdot \ldots \cdot 3 \cdot 2 \cdot 1 = n!/(n-k)!$

Posten 3

a) 6   (2 aus 4 Karten)
b) 10   (2 aus 5 Karten)
     15   (2 aus 6 Karten)
     21   (2 aus 7 Karten)
c) 4   (3 aus 4 Karten)
d)

1	2	3	4	5	6
–	1	3	6	10	15
–	–	1	4	10	20
–	–	–	1	5	15
–	–	–	–	1	6

Posten 4

a) 3
b) 4
c) 5
d) 6
     10
     15
e)

1	1	1	1
2	3	4	5
3	6	10	15
4	10	20	35

f) 120

Stochastik
Deskriptive Statistik

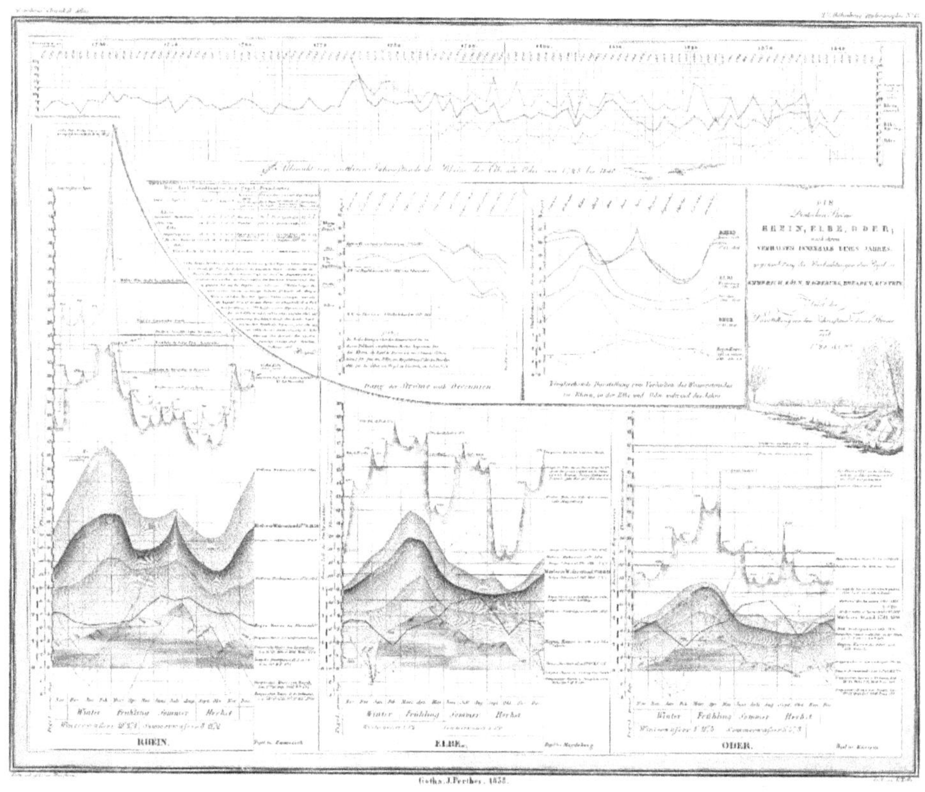

Dies ist eine ungewöhnliche statistische Graphik aus dem Jahr 1838 von H. Berghaus. Sie bietet reichhaltige statistische Informationen über die Flüsse Rhein, Elbe und Oder. Veröffentlicht als Teil von Berghaus' „Physikalischer Atlas", einem monumentalen Werk, das aus der Obsession des 19. Jahrhunderts mit der Sammlung und Organisation von Rohdaten entstand. Wunderschön hergestellt mit feiner Gravurarbeit, hochwertigem gewebtem Papier und präziser, aber minimalistischer Farbgestaltung.

1. Einführung

Die deskriptive (beschreibende) Statistik dient dazu, grosse Mengen von Daten

- zusammenzufassen[1],
- vergleichbar zu machen[2] und
- graphisch darzustellen[3].

Ausserdem kann man mit statistischen Methoden berechnen, wie eng zwei verschiedene Grössen miteinander zusammenhängen (z. B. Einkommen und Risiko für Bluthochdruck).

Daneben gibt es noch die sogenannte beurteilende (mathematische) Statistik, die vor allem dazu dient, Vorhersagen und Hypothesen aufzustellen. Die Grundlegenden Begriffe und Methoden der beurteilenden Statistik werden im Skript „Wahrscheinlichkeit" behandelt.

2. Was versteht man unter dem Begriff „Daten"?

Daten können vielfältig sein: Sie reichen von Messwerten über Umfrageergebnisse bis hin zu Beobachtungen und Zählungen. Nicht alle Daten lassen sich quantifizieren. Daher ist es wichtig zu verstehen, dass es verschiedene Arten von Daten gibt. Daten werden entweder quantitativ erfasst – das sind Werte, die gemessen und gezählt und in Zahlen ausgedrückt werden können – oder qualitativ – das sind Beobachtungen und Bewertungen, die nicht in numerischer Form vorliegen.

Qualitative Daten

Bei qualitativen Daten kann man noch weiter unterscheiden: Entweder lassen sich die Daten durch eine Nominalskala erfassen oder durch eine Ordinalskala.

Nominalskala: Sie teilen nur in verschiedene Kategorien ein, aber es gibt zwischen diesen keine logische Rangfolge oder Reihenfolge (z. B. Einteilung der Schüler des Gymnasiums nach Schwerpunktfächern).

Ordinalskala: Es gibt eine Rangfolge der Daten. Die Frage: 'Wie regelmässig treibst Du Sport?'. Die möglichen Antworten könnten lauten: nie' / 'selten' / 'regelmässig (mindestens 1x pro Woche)' / 'häufig (mehrmals pro Woche)' / 'täglich'. Hier kann man klar angeben: 'häufig' ist mehr als 'selten'. Man kann auch angeben, wie sich 200 befragte Personen auf diese Kategorien verteilen. Aber man kann nicht so etwas wie Durchschnittswerte berechnen.

---

[1] Schon wenn man aus vielen einzelnen Zahlenwerten einen Durchschnitt berechnet, hat man eine grosse Menge Daten zusammengefasst. Eine Aussage wie 'die durchschnittliche Körpergrösse aller 1993 geborenen Männer, die in der Schweiz leben, beträgt 178 cm' bündelt gewissermassen Zehntausende von einzelnen Messwerten.

[2] Eine solche Zusammenfassung von Einzeldaten ist auch sinnvoll, wenn Du etwa die Verhältnisse in zwei verschiedenen Ländern vergleichen willst. Verdienen die Menschen in Frankreich mehr als in Grossbritannien oder nicht? Wenn man diese Frage untersuchen möchte, kann man nicht gut Millionen von Gehaltsangaben einzeln nebeneinanderlegen, sondern man wird für beide Länder zunächst den Durchschnittswert (und andere wichtige Kennzahlen, wie etwa die sogenannte Standardabweichung) ausrechnen.

[3] Du kennst solche Darstellungen wahrscheinlich schon aus Zeitungen, aus dem Internet oder aus dem Fernsehen Diagramme, in denen etwa die Entwicklung eines Aktienkurses oder das Ergebnis der Nationalratswahlen oder andere Angaben visualisiert werden. Oder sogenannte Tortendiagramme, mit denen man zum Beispiel die verschiedenen Antworten auf eine Umfrage darstellen kann.

Quantitative Daten

Quantitative Daten lassen sich in Zahlen angeben und man kann dann mit diesen Zahlen auch rechnen (z. B. Durchschnittswerte). Es gibt zwei Typen von quantitativen Skalen:

Eine *metrisch-diskrete Skala:* Werte verteilen sich nur auf einzelne, isolierte Zahlen (und Zwischenwerte nicht möglich sind). Beispiel: 'Wie viele Geschwister hast Du?' – mögliche Antworten sind: 'keine', 'eines', ..., aber nicht '1.3'.

Eine *metrisch-stetige Skala:* eine Skala, bei der innerhalb eines bestimmten Bereiches jeder Wert angenommen werden kann (z. B.: Körpergrössen).

Aufgabe 1: Überlege, welcher Typ von Skala vorliegt
a) Wassertemperatur im Bielersee
b) Konfession (Religionszugehörigkeit) der Einwohner von Biel
c) Bewertungen beim Eiskunstlauf
d) Lebensalter einer Person in Jahren
e) Antworten auf die Frage: "Welche Partei wählen Sie bei den Nationalratswahlen?"
f) Bildungsstand der erwachsenen Bevölkerung von Biel (von 'kein Schulabschluss' bis 'abgeschlossenes Universitätsstudium')
g) Schulnoten im Zeugnis
h) Schätzungen des Durchmessers einer 5-Fr.-Münze

Aufgabe 2: Welche der folgenden Merkmale haben eine Nominal-, eine Ordinalskala oder eine metrische Skala?

	Qualitative Daten		Quantitative Daten	
	nominal	ordinal	diskret	stetig
Körpergewicht				
Geschlecht				
Beruf				
Höchstgeschwindigkeit von Autos				
Körperlänge				
Beliebtheit einer Netflix-Serie				
Anzahl Fische im See				
Einkommen				
Qualität von Baumwolle				
Ferienziel				
Haarfarbe				
Anzahl tödlicher Verkehrsunfälle pro Jahr				
Körperlänge von Neugeborenen				
Seitenzahl von Büchern				
Wirkungsgrad einer Salbe				

3. Visualisierung von Daten

Aus dem Internet, aus dem Fernsehen oder aus Zeitungen und Büchern kennst Du wahrscheinlich diverse Formen von Diagrammen, die man verwendet, um Daten graphisch darzustellen – was ja eine wichtige Aufgabe der Statistik ist. So gibt es unter anderem Tortendiagramme (Kreisdiagramme), Balkendiagramme, Säulendiagramme, aber auch noch einige weitere Typen. Manche von ihnen sind für bestimmte Arten von Daten und Darstellungen besser geeignet, andere für andere Arten.

Aufgabe 3: Finde mit Hilfe von Büchern (Formelsammlung) oder auch via Internet heraus, wie folgende Arten von Diagrammen aussehen und wofür sie besonders geeignet sind. Nennen Sie jeweils auch ein oder zwei typische Anwendungsgebiete: Welche Vor- bzw. Nachteile haben die Darstellungen?

a) Kreisdiagramm (Kuchendiagramm)

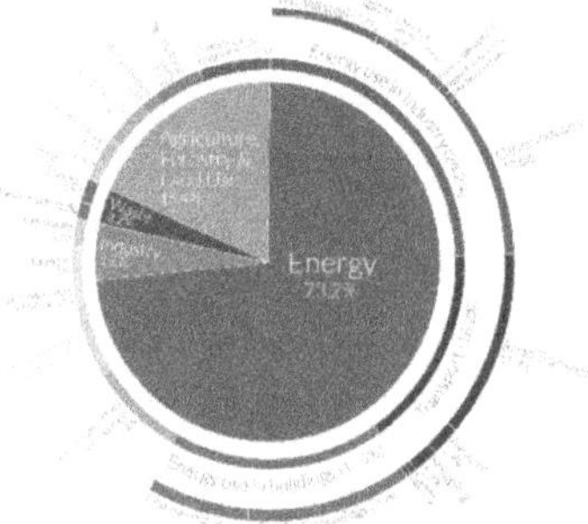

d) Punkt-Diagramm

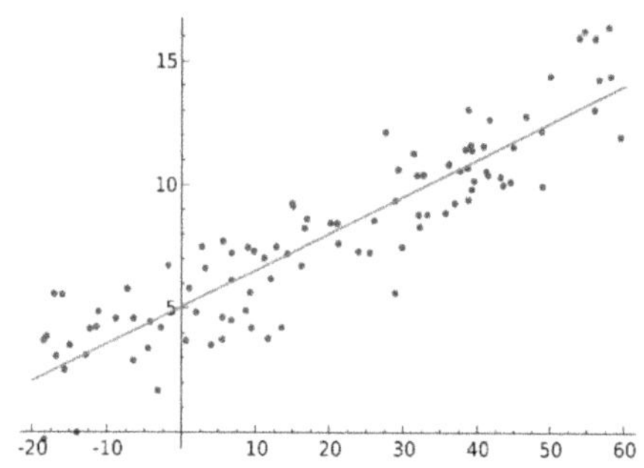

b) Balkendiagramm

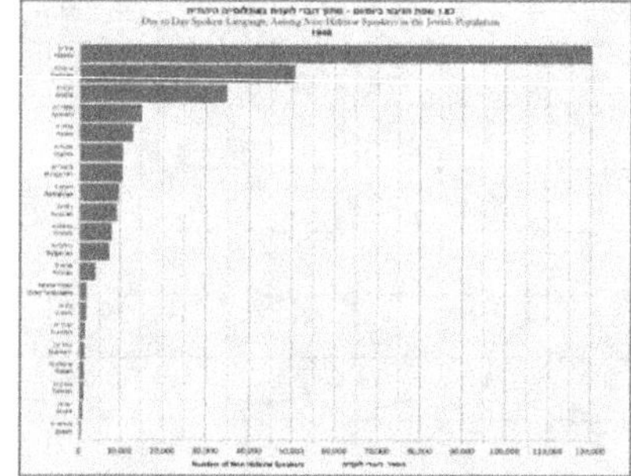

e) Hi-Lo-Open-Close

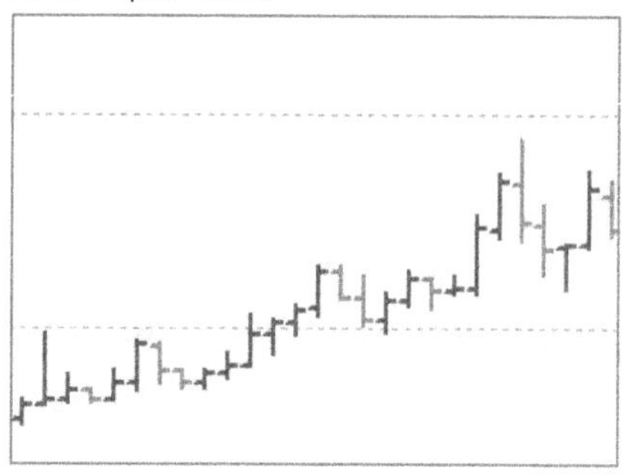

c) 100 %-Säulendiagramm

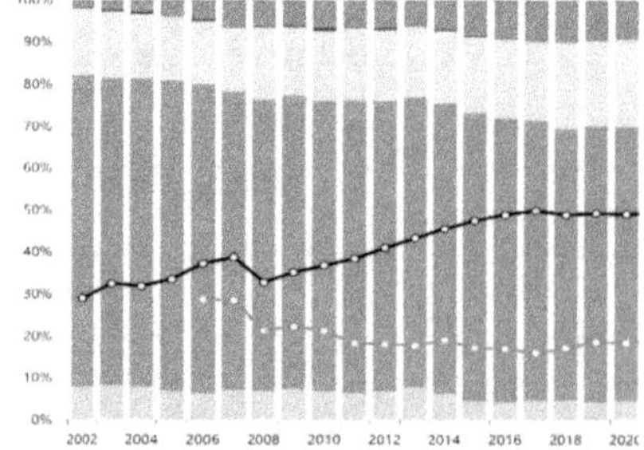

f) Findest Du heraus, wie man diesen Typ von Diagramm nennt? Wofür ist er geeignet?

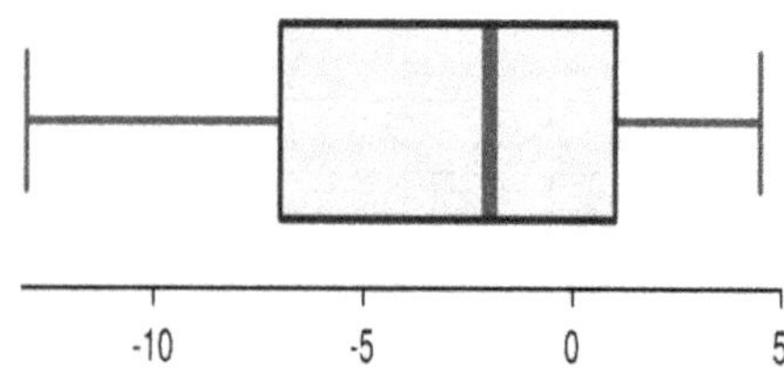

Aufgabe 4: Erstelle...
   a) ein Tortendiagramm zur Verteilung der Sockenfarben unter den Schülerinnen Deiner Klasse
   b) ein Säulendiagramm zu den Schätzwerten für den Durchmesser der 5-Fr.-Münze.
   c) je einen Boxplot für die Schätzungen der 5-Fr.-Münze und für die Schätzungen der 5-Rp.-
      Münze, übereinander angeordnet.

Aufgabe 5: Ein Blick auf die Volkszählung zeigt, dass die protestantische und katholische Kirche
   nach wie vor eine Quasi-Monopolstellung im religiösen Feld einnimmt. 55.5 % der
   Bevölkerung bezeichnen sich als Mitglieder der beiden Volkskirchen (protestantisch und
   katholisch), gefolgt von den islamischen Gemeinschaften mit 5.5 %. Alle anderen
   Religionsgemeinschaften weisen bescheidene Mitgliederzahlen auf und ergeben zusammen
   7.2 % der Bevölkerung. 31.8 % bezeichnen sich als konfessionslos (oder die
   Religionszugehörigkeit ist nicht bekannt). Stelle die Daten graphisch dar.

Aufgabe 6: Die folgende Tabelle listet die mittleren Bahngeschwindigkeiten der acht Planeten und
   des Zwergplaneten Pluto in km/s auf:

Planet	Merkur	Venus	Erde	Mars	Jupiter	Saturn	Uranus	Neptun	Pluto
Gesch.	47.89	35.03	29.79	24.13	13.06	9.64	6.81	5.43	4.74

Stelle die Daten graphisch dar.

Aufgabe 7: Bei einer Stichprobe von Patienten, die unter Krampfadern im Unterschenkelbereich litten, wurde eine Salbe zur Linderung der Beschwerden angewandt. Eine halbe Stunde nach Auftragen der Salbe wurden die Patienten befragt. Es ergab sich folgende Urliste. Stelle die Daten in einem passenden Diagramm dar.

Patient	Besserung	Patient	Besserung
1	gering	13	gering
2	deutlich	14	gering
3	gering	15	keine
4	deutlich	16	keine Angabe
5	gering	17	gering
6	keine	18	deutlich
7	deutlich	19	deutlich
8	deutlich	20	gering
9	keine Angabe	21	keine Angabe
10	gering	22	gering
11	keine	23	gering
12	keine Angabe	24	deutlich

Aufgabe 8: Diese Diagramme stellen weitgehend dieselben Daten dar – jedoch auf
   unterschiedliche Art. Diskutiere Vor- und Nachteile der Darstellungen.

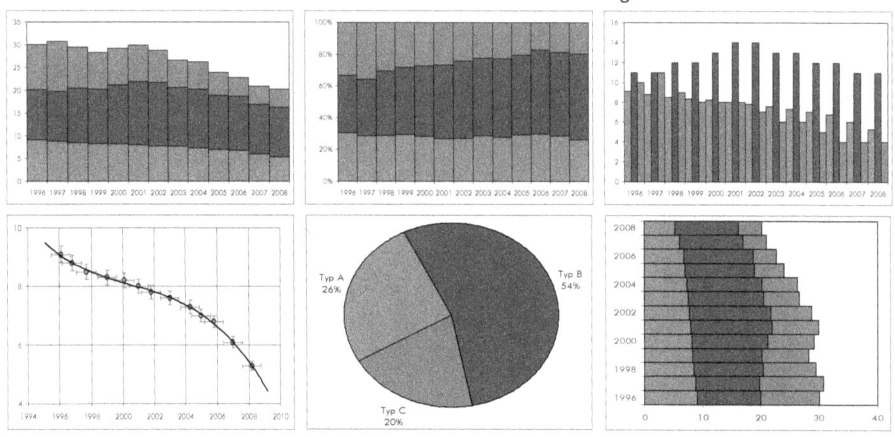

Wenig geeignete Darstellungen

Aufgabe 9: Hier werden Daten irreführend dargestellt. Überlege Dir jeweils, was verfälschend dargestellt wird und wie es besser gemacht werden sollte.

a) In einem Bericht in einer Newszeitschrift über Müllverbrennungsanlagen wird diese Graphik präsentiert:

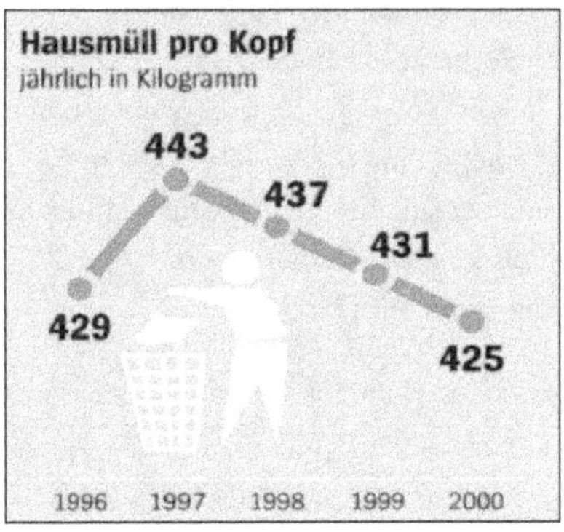

b) Diese Graphik illustriert den finanziellen Mangel der Armee. Oder?

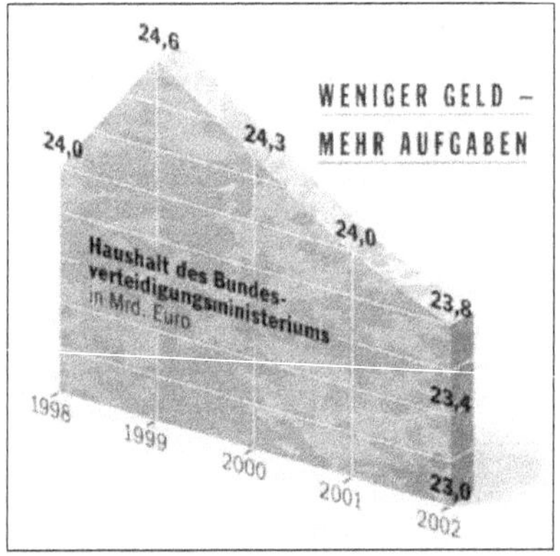

c) Diese Graphik soll den Anteil an Spam-Mails illustrieren:

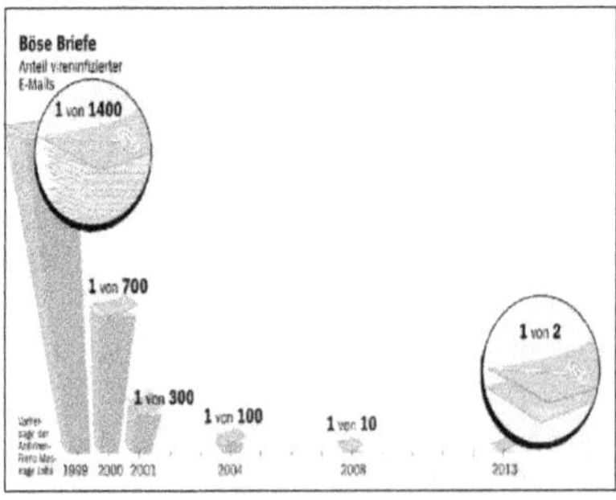

d) Diese Graphik soll der Veranschaulichung des Bevölkerungswachstums in China dienen.

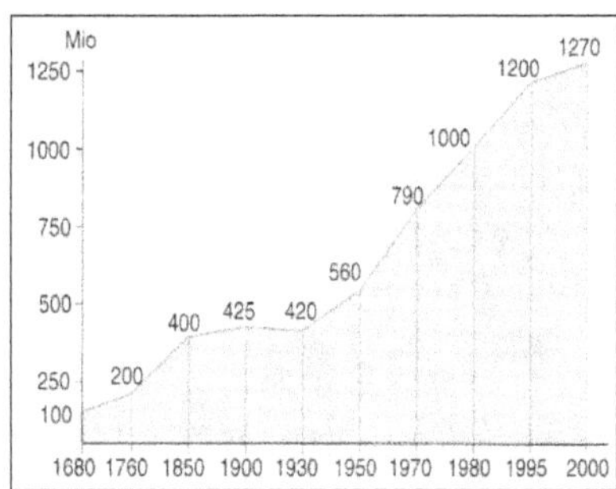

e) In der Broschüre „Antworten zur Agenda 2010" wollte das Finanzministerium unter der Regierung darstellen, wie stark das Kindergeld zwischen 1998 und 2002 erhöht wurde:

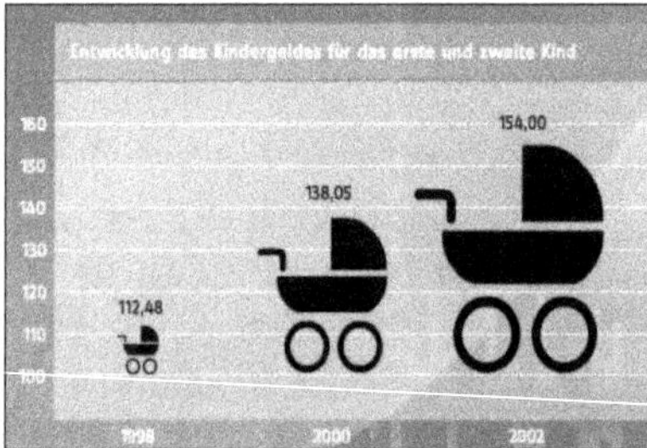

f) In einem Zeitungsartikel wurde die Frage gestellt, wie beliebt der Nationaltrainer ist. Die Ergebnisse wurden in einem Kuchendiagramm dargestellt:

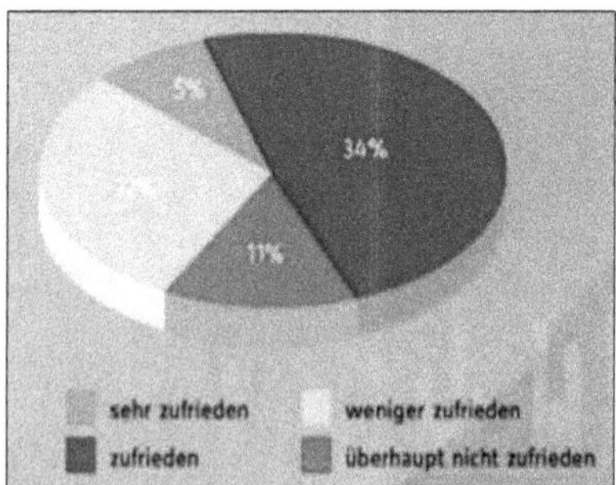

4. Prüfungsnoten und Würfel

Bei einer Aufnahmeprüfung in das Untergymnasium an der Kantonsschule Solothurn wurden im Prüfungsteil „Rechnen" folgende Noten erreicht: (Es sind nicht alle 251 Noten aufgelistet):

Urliste der Noten der geprüften Fünftklässler im Prüfungsteil „Rechnen"							
3	4.5	4	3.5	5.5	3.5	5.5	4
5.5	5	3.5	6	6	6	3.5	5
3.5	6	3.5	5	5	4.5	2.5	6
4	5.5	5.5	4	3	4.5	3	3
1.5	3	4.5	2.5	1.5	3	3	2.5
1.5	2.5	4	4	5	5	5	2.5
4.5	3	3	2	4.5	4	3.5	5
3	2.5	6	5	4.5	3.5	4	6
4	5.5	3	3	1	5.5	4.5	4.5
4	4	5	2.5	1.5	4	4	5
2.5	5.5	…	…	…	…	…	…
2.5	4.5	3	4.5	4.5	5.5	4.5	3
4	4.5	4				n = 251	

Die Geprüften interessieren sich sehr für ihre *individuelle* Note. Die beschreibende Statistik interessiert sich jedoch dafür, wie sich die Geprüften *kollektiv* abgeschnitten haben. Wir fassen alle Schülerinnen und Schüler mit derselben Note zusammen:

Noten	Strichliste	absolute Häufigkeiten	relative Häufigkeiten
1.0	II	2	0.8 %
1.5	JHf II	7	2.8 %
2.0	JHf II	7	2.8 %
2.5	JHf JHf JHf JHf III	23	9.2 %
3.0	JHf JHf JHf JHf JHf JHf IIII	34	13.5 %
3.5	JHf JHf JHf JHf JHf I	26	10.4 %
4.0	JHf JHf JHf JHf JHf JHf JHf JHf I	41	16.3 %
4.5	JHf JHf JHf JHf JHf JHf JHf JHf II	42	16.7 %
5.0	JHf JHf JHf JHf JHf JHf II	32	12.7 %
5.5	JHf JHf JHf JHf III	23	9.2 %
6.0	JHf JHf IIII	14	5.6 %
Summe		251	100 %

Um die Daten übersichtlicher zu machen, werden sie in Graphiken dargestellt. Die *Strichliste* ist schon eine Art graphische Darstellung. Sie gleicht dem **Balkendiagramm**:

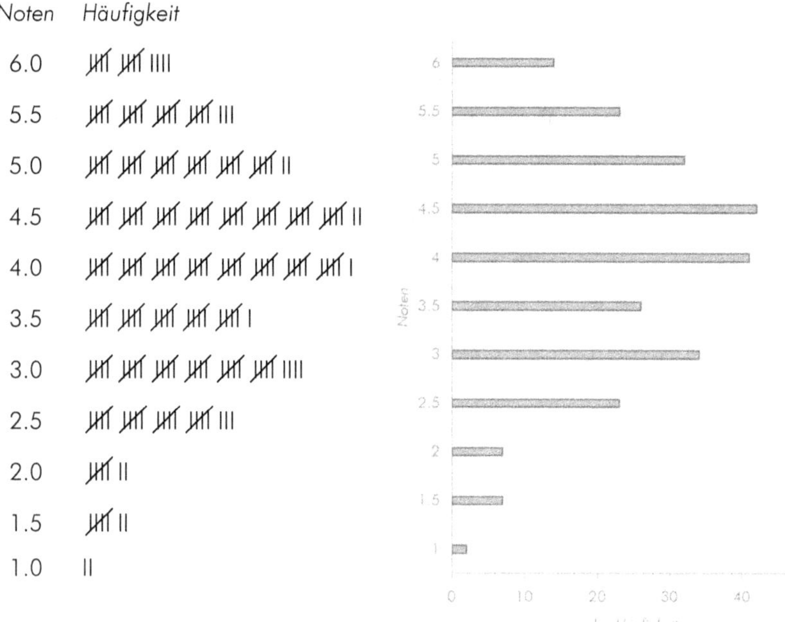

Stabdiagramm

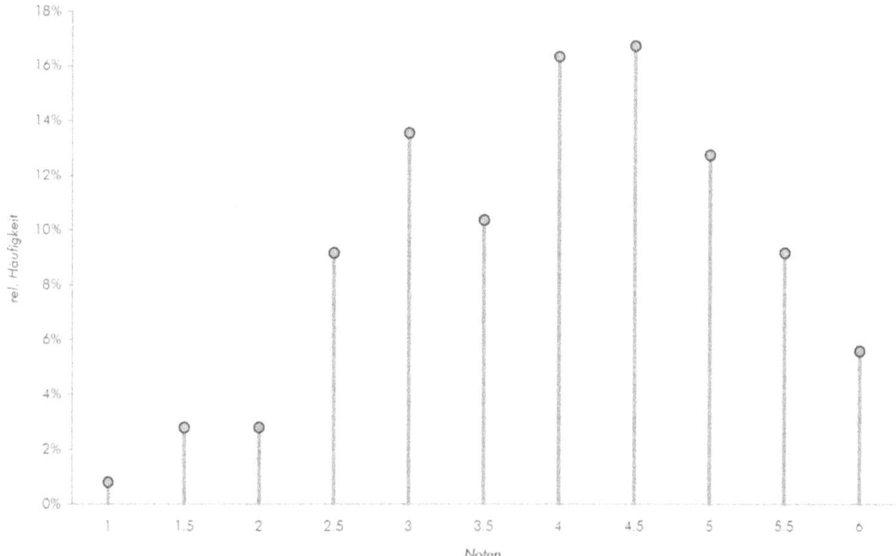

Aufgabe 10: Nimm zwei Würfel und würfle mindestens hundert Mal, besser ist natürlich tausend Mal ☺. Bestimme die Augensumme und erstelle eine Strichliste für die Augensumme. Bestimme die absolute und die relative Häufigkeit und zeichne das Stabdiagramm.

Strichliste

Augen-summe	Strichliste	abs. Häufigkeiten	rel. Häufigkeiten
2			
3			
4			
5			
6			
7			
8			
9			
10			
11			
12			
Summe			

Stabdiagramm

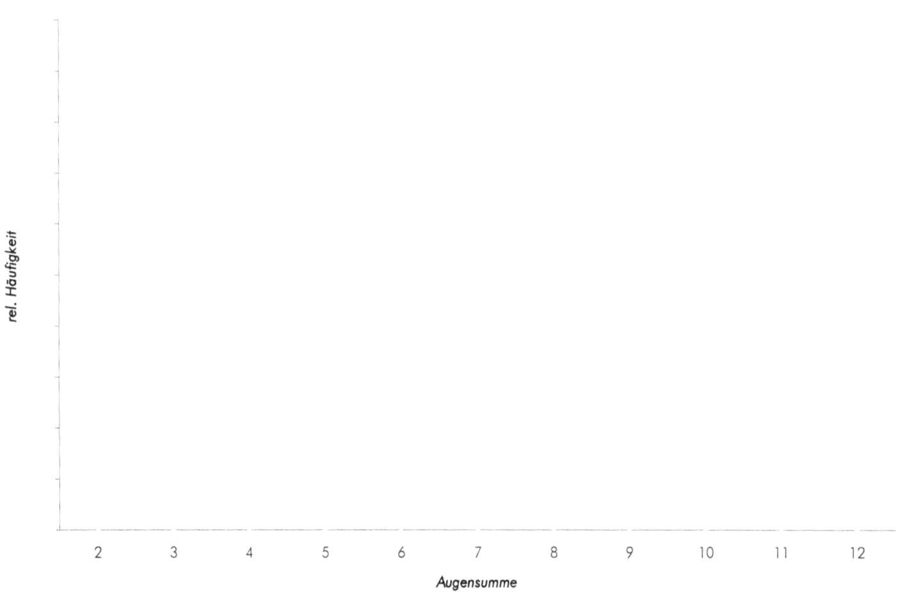

5. Die wichtigsten Begriffe

Allgemein	Aufnahmeprüfung
Die *Grundgesamtheit* (auch Population) bezeichnet die Menge aller potenziellen Untersuchungsobjekte für eine bestimmte Fragestellung.	Die Fünftklässler im Kanton Solothurn. Sie sind alle zur Prüfung zugelassen.
Eine *Stichprobe* vom Umfang n ist eine Teilmenge der Grundgesamtheit mit n Elementen.	Die $n = 251$ geprüften Fünftklässler.
Die Stichprobe wird auf ein *Merkmal* hin untersucht. Die *Ergebnisse* der Stichprobe sind $x_1, x_2, x_3 \ldots x_n$.	Das untersuchte Merkmal ist die Prüfungsnote. Die Ergebnisse sind in der Urliste zusammengestellt: $x_1 = 3$, $x_2 = 4.5 \ldots$ $x_{251} = 4$.
Das Merkmal hat verschiedene mögliche Werte $w_1, w_2, w_3, \ldots w_k$, wobei k die Anzahl der *Merkmalswerte* (auch Ausprägungen) ist.	Die Merkmalswerte sind die 1, 1.5, … 5.5, 6. Es hat $k = 11$ Merkmalswerte, die 11 Noten. Zum Beispiel ist $w_9 = 5$.
Die *absolute Häufigkeit* n_i gibt an, wie oft ein Merkmalswert w_i in der Stichprobe vorkommt. Die Summe der absoluten Häufigkeiten ist der Stichprobeumfang $n_1 + n_2 + \ldots + n_k = n$	Die Anzahl geprüfter Fünftklässler mit einer bestimmten Note, z.B. die 32 Prüflinge mit der Note 5. Es ist also $n_9 = 32$.
Die *relative Häufigkeit* h_i ist die Häufigkeit in Vergleich zum Stichprobeumfang: $$\text{relative Häufigkeit } h_i = \frac{\text{absolute Häufigkeit } n_i}{\text{Stichprobenumfang } n}$$ Die Summe der relativen Häufigkeiten ist gleich $h_1 + h_2 + \ldots + h_k = 1 = 100\,\%$	Der Anteil in Prozent der geprüften Schülerinnen und Schüler mit einer bestimmten Note 5 von allen geprüften. Zum Beispiel haben 32 von 251 die Note 5, das entspricht $h_9 = 0.127 = 12.7\,\%$

Aufgabe 11: Überlege Dir diese Begriffe noch einmal am Beispiel mit den Würfeln.

Aufgabe 12: Hier ist noch einmal ein Ausschnitt aus der Liste mit den Prüfungsnoten. Notiere die fehlenden Abkürzungen im Spaltenkopf.

Nummer	Noten	Strichliste	abs. Häufigkeiten	rel. Häufigkeiten
………	………		………	………
1	1.0	II	2	0.8 %
2	1.5	ЈНГ II	7	2.8 %
⋮	⋮	⋮	⋮	⋮
10	5.5	ЈНГ ЈНГ ЈНГ ЈНГ III	23	9.2 %
11	6.0	ЈНГ ЈНГ IIII	14	5.6 %
Umfang der Stichprobe n =			251	100 %

6. Beschreibende Parameter

Eine weitere wichtige Aufgabe der beschreibenden Statistik: Wie kann man eine grosse Menge ungeordneter Daten zusammenfassen, um daraus interessante Informationen zu gewinnen? Dabei geht es hier (mit einer Ausnahme) ausschliesslich um *quantitative* Daten (egal, ob metrisch-diskret oder metrisch-stetig). Wenn man quantitative Rohdaten der Grösse nach ordnet, erhält man eine sogenannte Rangliste. *Lagemasse* geben an, um welchen Wert herum die Daten hauptsächlich verteilt sind. *Streuungsmasse* sagen aus, wie eng sie beieinander liegen.

Zum Beispiel interessiert Dich nach einer Probe deine individuelle Note. Die Lehrperson sagt vielleicht noch, dass es 4 Sechser in der Klasse gab, und teilt damit einen Teil der Häufigkeiten mit. Der Durchschnitt der Klasse ist auch von Interesse. Der Durchschnitt oder Mittelwert ist ein Lageparameter der Stichprobe.

Lageparameter einer Stichprobe

Lageparameter beschreiben, wo die Stichprobe liegt, d.h. um welchen Wert sie sich gruppiert.

Definition: Der **Mittelwert** $\overline{x}$ ist das arithmetische Mittel (Durchschnitt) der Ergebnisse (Daten):

$$\overline{x} = \frac{x_1 + x_2 + x_3 + \cdots + x_n}{n}$$

Sind die Häufigkeiten bekannt, so lässt sich der Mittelwert wesentlich einfacher berechnen:

$$\overline{x} = \frac{n_1 \cdot w_1 + n_2 \cdot w_2 + n_3 \cdot w_3 + \cdots + n_k \cdot w_k}{n}$$

$$\overline{x} = h_1 \cdot w_1 + h_2 \cdot w_2 + h_3 \cdot w_3 + \cdots + h_k \cdot w_k$$

Definition: Der **Median** $\tilde{x}$ ist der mittlere Wert. Die Ergebnisse werden der Grösse nach geordnet. Der Wert in der Mitte ist der Median. Bei einer geraden Anzahl Werte in der Stichprobe ist der Median der Durchschnitt der beiden mittleren Ergebnisse.

Definition: Der **Modus** $\hat{x}$ (Modalwert) ist der Wert, der im Datensatz am häufigsten vorkommt. Er ist vor allem dann wichtig, wenn man es nicht mit quantitativen Merkmalen (etwa Körpergrössen) zu tun hat, sondern mit qualitativen Daten erfassbaren Daten, etwa mit verschiedenen möglichen Antworten auf eine Frage.

Modus und Median sind einfach zu ermitteln und sind im Vergleich zum Mittelwert statistisch robust, d.h. sie reagieren wenig sensibel auf statistische Ausreisser. Die Aussage ist jedoch nicht die gleiche wie die des Mittelwertes und insbesondere der Modus ist weniger aussagekräftig.

Definition: 25 % der Daten sind kleiner als das **untere Quartil** (Median der Werte unterhalb des Medians) und 75 % der Daten sind kleiner als das **obere Quartil** (Median der Werte oberhalb des Medians).

Es gilt:
$$x_{0.25} = \begin{cases} 0.5 \cdot \left(x_{0.25 \cdot n} + x_{0.25 \cdot n+1}\right) & \text{falls } 0.25 \cdot n \text{ ganzzahlig} \\ x_{\text{aufrunden}(0.25 \cdot n)} & \text{falls } 0.25 \cdot n \text{ nicht ganzzahlig} \end{cases}$$

$$x_{0.75} = \begin{cases} 0.5 \cdot \left(x_{0.75 \cdot n} + x_{0.75 \cdot n+1}\right) & \text{falls } 0.75 \cdot n \text{ ganzzahlig} \\ x_{\text{aufrunden}(0.75 \cdot n)} & \text{falls } 0.75 \cdot n \text{ nicht ganzzahlig} \end{cases}$$

Aufgabe 13: Betrachte die nebenstehende Tabelle mit Prüfungsnoten von drei Schulklassen. Bestimmen Sie alle Lageparameter und vergleichen Sie. Welche Klasse ist die beste?

Note	Klasse A	Klasse B	Klasse C
6	II		II
5.5	III		IIIIII
5	IIII	IIIII	III
4.5	IIIII	III	III
4	III	IIII	II
3.5	II	III	II
3	III	I	
2.5	II		
2			I
1.5			I
1	I		

Aufgabe 14: Frau Marek notiert an verschiedenen Tagen die Zeiten (in Minuten), die sie für seinen Weg zur Arbeit benötigt: 55, 56, 51, 56, 49, 58, 55, 56, 56, 50.
   a) Wie lange benötigt sie durchschnittlich? Berechne dazu den Median und den Mittelwert und vergleiche die beiden Werte.
   b) Streiche nun den Wert 58 aus der Liste und ersetze ihn durch 70 (wegen einer Baustelle musste Frau Marek einen Umweg in Kauf nehmen). Wie lange benötigt sie nun im Mittel? Berechne wieder den Median und den Mittelwert. Vergleiche die beiden Werte mit jenen Werten aus Teilaufgabe a). Was fällt Dir auf? Verfasse eine Erklärung.

Aufgabe 15: Gegeben ist die folgende Liste von 11 Datenwerten:
   1.0 – 1.2 – 1.6 – 1.6 – 1.6 – 1.8 – 2.0 – 2.6 – 2.8 – 2.8 – 3.0
   a) Wie gross sind Median und Mittelwert? Verändere genau einen Datenwert so, dass der Mittelwert kleiner ist als der Median. Gib die geänderten Werte an.
   b) Für Tüftler: Ändere genau einen Datenwert so, dass Median und Mittelwert gleich gross sind.

Streuparameter einer Stichprobe

Streuparameter beschrieben, wie breit die Stichprobe um den Mittelwert streut, d.h. wie weit sie im Mittel vom Mittelwert entfernt sind.

Definition: Die **Spannweite** ist der Abstand (die Differenz) zwischen dem kleinsten und dem grössten Wert. Sie ist sehr einfach zu ermitteln, sagt aber wenig aus. Hauptnachteil: Die Spannweite ist nicht robust, d.h. statistische Ausreisser (einzelne Werte, die viel tiefer oder höher sind als fast alle Übrigen – nicht selten infolge von Messfehlern oder falsch eingegebenen Daten) fallen viel zu stark ins Gewicht.

Definition: Der **Interquartilsabstand** (oder Quartilsabstand) ist – etwas vereinfacht gesagt – die Spannweite der mittleren 50 %. Sortiert man eine Stichprobe der Grösse nach, so gibt der Interquartilsabstand an, wie breit das Intervall ist, in dem die mittleren 50 % der Stichprobeelemente liegen.

Definition: Die **mittlere Abweichung e** berechnet man, indem man zuerst die Abstände aller einzelnen Werte vom Mittelwert addiert und sie anschliessend durch die Anzahl der Werte n dividiert: $e = \dfrac{\left|x_1 - \overline{x}\right| + \left|x_2 - \overline{x}\right| + \left|x_3 - \overline{x}\right| + \cdots + \left|x_n - \overline{x}\right|}{n}$.

Die mittlere Abweichung ist ungebräuchlich. Üblicherweise wird als Streuparameter die Standardabweichung angegeben. Sie ist deutlich aussagekräftiger als die Spannweite oder der Quartilsabstand.

Die Standardabweichung ist die Wurzel aus dem mittleren Abstandsquadrat. Wobei in der Regel nicht durch den Stichprobenumfang n, sondern durch die Anzahl Freiheitsgrade n − 1 dividiert wird.[4]

Definition: Die **Varianz** s^2 ist die mittlere quadratische Abweichung der Ergebnisse vom Mittelwert:

$$s^2 = \frac{\left(x_1 - \overline{x}\right)^2 + \left(x_2 - \overline{x}\right)^2 + \left(x_3 - \overline{x}\right)^2 + \cdots + \left(x_n - \overline{x}\right)^2}{n-1}$$

Sind die Häufigkeiten bekannt, so lässt sich die Varianz wesentlich einfacher berechnen:

$$s^2 = \frac{n_1\left(w_1 - \overline{x}\right)^2 + n_2\left(w_2 - \overline{x}\right)^2 + n_3\left(w_3 - \overline{x}\right)^2 + \cdots + n_k\left(w_k - \overline{x}\right)^2}{n-1}$$

Definition: Die **Standardabweichung s** ist die Quadratwurzel aus der Varianz:

$$s = \sqrt{s^2}$$

---

[4] Wenn man nur Daten für eine Stichprobe vom Umfang n hat (und nicht für die ganze sog. Grundgesamtheit) (zum Beispiel: nur für 1000 befragte Personen, nicht für die gesamte Schweizer Bevölkerung), dann dividiert man nicht durch n, sondern durch n − 1. Dies liefert (aus recht diffizilen Gründen) eine bessere Schätzung für die Standardabweichung der Gesamtbevölkerung. Die so definierte empirische Standardabweichung ist erwartungstreuer Schätzer für die mathematische Standardabweichung.

Definition: Wenn man zu einer Datenreihe den arithmetischen Mittelwert $\overline{x}$ und die Standardabweichung s berechnet hat, dann ist der *Variationskoeffizient v* das Verhältnis dieser beiden Grössen, also der Quotient:

$$v = \frac{s}{\overline{x}}$$

Mit Hilfe des Variationskoeffizienten kann man zwei Reihen miteinander vergleichbar machen, denen gar nicht die gleiche Skala zugrunde liegt.
Beispiel: Vergleich der Leistungen zweier Sportler aus verschiedenen Disziplinen. Hat der Weitspringer konstantere Ergebnisse oder der Diskuswerfer? Um so eine Frage zu beantworten, reicht es nicht aus, nur die beiden Standardabweichungen (also sozusagen das Mass der Schwankungen) zu berechnen, denn diese ist beim Diskuswerfer mit Weiten im Bereich von 55 m bis 60 m naturgemäss höher als beim Weitspringer, der bei seinen Sprüngen jeweils ungefähr 7 m schafft. Deshalb dividiert man eben noch durch die jeweiligen arithmetischen Mittelwerte.

Graphische Beispiele für die Parameter einer Stichprobe

Lageparameter

$\overline{x} = 3.6$, $\tilde{x} = 3.5$

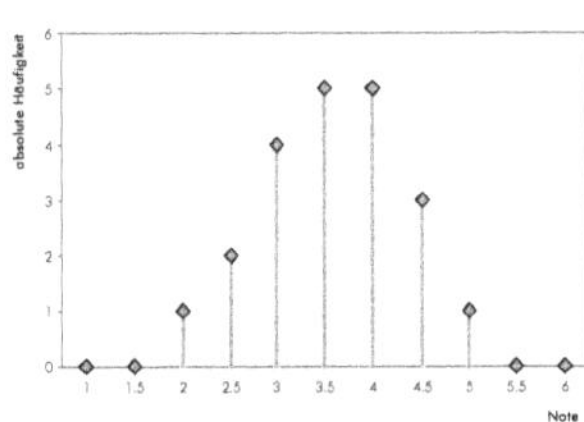

$\overline{x} = 4.2$, $\tilde{x} = 4.25$

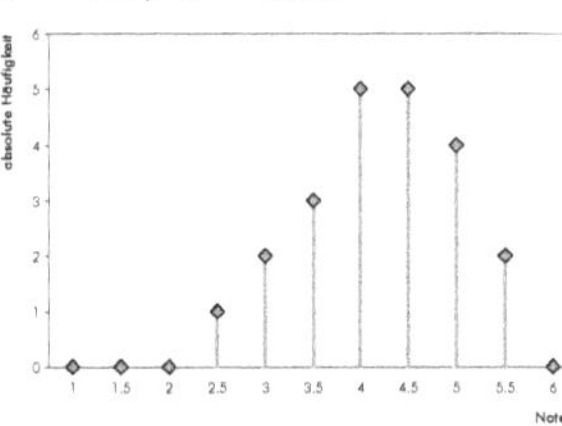

$\overline{x} = 4.9$, $\tilde{x} = 5$

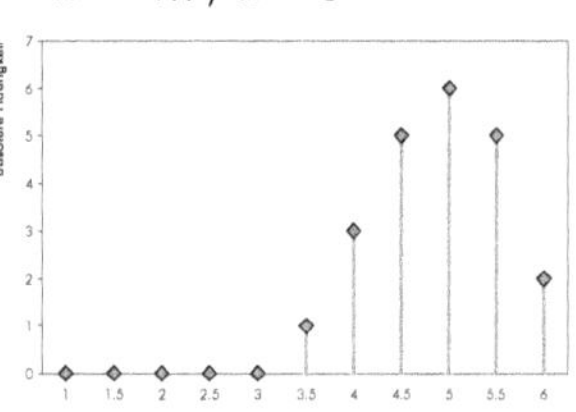

$\overline{x} = 4.6$, $\tilde{x} = 4.5$

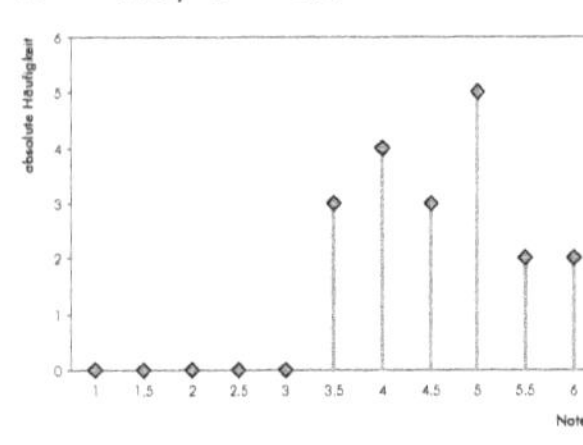

$\overline{x} = 4.4$, $\tilde{x} = 4.5$

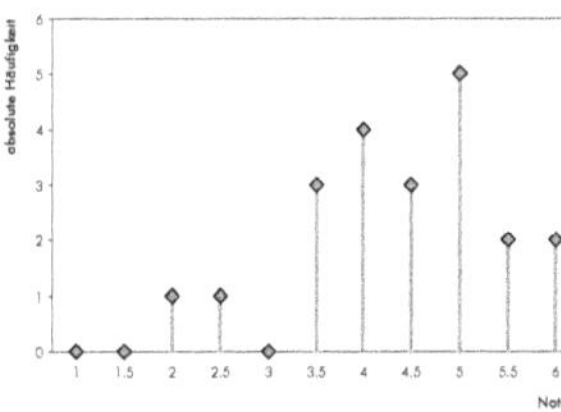

$\overline{x} = 4.2$, $\tilde{x} = 4.5$

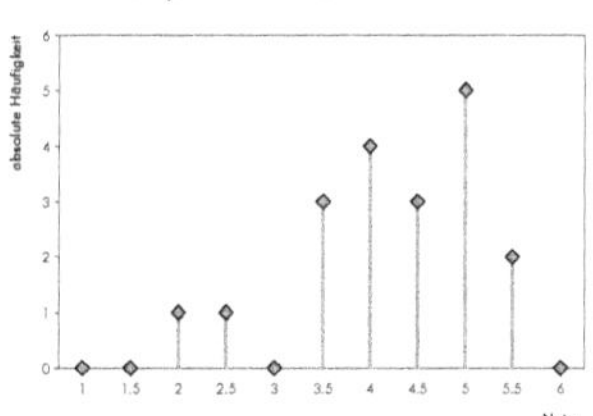

Streuparameter

$\overline{x} = 4.6$, $s = 0.72$

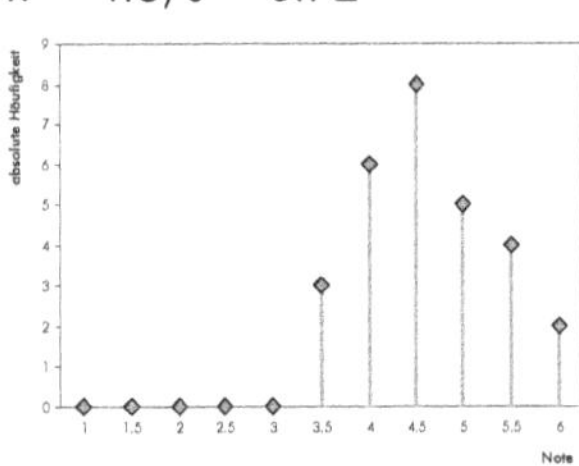

$\overline{x} = 4.6$, $s = 1.06$

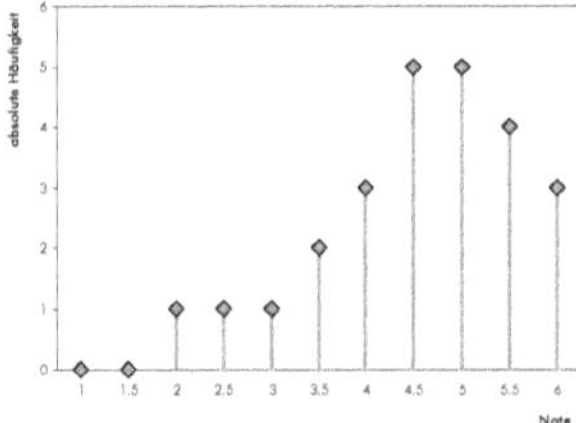

$\overline{x} = 4.6$, $s = 1.33$

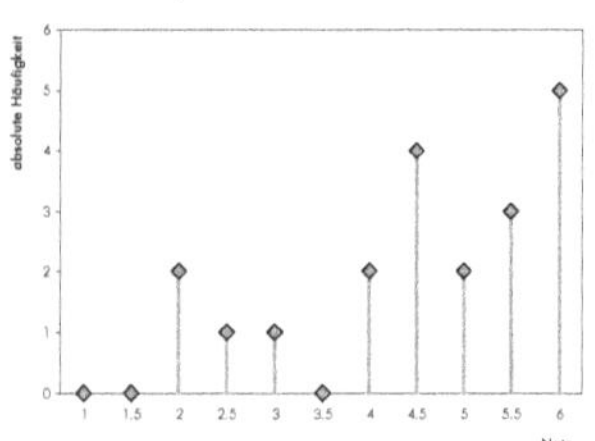

Der Boxplot

Ein Box-Plot besteht immer aus einem Rechteck, genannt Box, und zwei Linien, die dieses Rechteck verlängern. Diese Linien werden als „Antenne" oder „Whisker" bezeichnet und werden durch einen Strich abgeschlossen. Der Strich in der Box

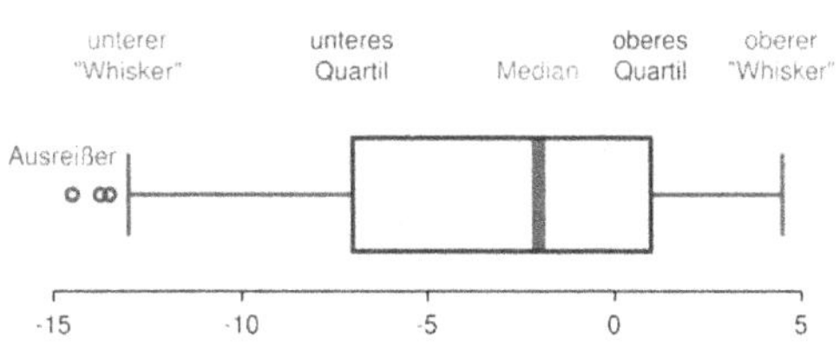

repräsentiert den Median der Verteilung. Als Ausreisser werden Daten bezeichnet, die mehr als das 1.5-fache des Interquartilsabstands (Abstand vom oberen zum unteren Quartil) vom untern bzw. oberen Quartil entfernt sind.

Ein Beispiel: 8, 10, 10, 12, 17, 20, 30, 97

Lage im Box-Plot	Beschreibung	Im Beispiel
Ende des unteren Whiskers	Kleinster Datenwert des Datensatzes ohne allfällige Ausreisser	8
Beginn der Box	*Unteres Quartil*: Die kleinsten 25 % der Datenwerte sind kleiner als dieser Kennwert	10
Strich innerhalb der Box	*Median*: Die kleinsten 50 % der Datenwerte sind kleiner als dieser Kennwert	14,5
Ende der Box	*Oberes Quartil*: Die kleinsten 75 % der Datenwerte sind kleiner als dieser Kennwert	22,5
Ende des oberen Whiskers	Grösster Datenwert des Datensatzes ohne allfällige Ausreisser	30
Kreuz oder Kreis an der Stelle des Datenwert	Datenwerte, die mehr als das 1.5-fache des Interquartilsabstands vom oberen bzw. dem unteren Quartil entfernt sind (*Ausreisser*).	97

Aufgabe 16: Bei einer Marktstudie werden die Preise von Mittagsmenüs verglichen. Folgende Daten (Preise in CHF) wurden dabei erhoben:

5.00 – 4.50 – 5.00 – 5.20 – 6.00 – 4.90 – 4.50
5.20 – 8.00 – 4.80 – 4.60 – 5.10 – 5.50 – 5.90

Ermittle Minimalwert, Maximalwert, Mittelwert, Median, Modus und unteres und oberes Quartil. Erstelle einen Boxplot.

Aufgabe 17: Bei einer Jungpflanze wurden die folgenden Samenzahlen b, gezählt:

Schotennummer	1	2	3	4	5
Samenzahlen b	5	12	14	8	11

a) Markiere für die Jungpflanze die Werte b_i auf einer Zahlengeraden und schätzen Sie gefühlsmässig den Mittelwert und die Standardabweichung.

b) Berechne den Mittelwert der Samenzahl für diese Pflanze.

c) Berechne die Varianz s^2 und die Standardabweichung s.

d) Wie viele der Werte liegen im Intervall von $\overline{b} - s$ bis $\overline{b} + s$?

Aufgabe 18: Nehme an, eine Pflanze würde lauter Schoten mit 11 Samen produzieren. Welcher Mittelwert und welche Standardabweichung ergeben sich in diesem Fall?

Aufgabe 19: Die folgende Tabelle gibt die Zahl der monatlichen Regentage in zwei australischen Städten A und B an.

Monat	Jan	Feb	Mrz	Apr	Mai	Jun	Jul	Aug	Sep	Okt	Nov	Dez
$A(x_i)$	13	14	14	10	9	7	6	5	6	9	9	11
$B(x_i)$	2	3	4	8	13	17	18	16	13	10	7	3

a) Berechne die Anzahl der durchschnittlichen Regentage für jede Stadt im Monat.
b) Bestimme den Median, den Quartilsabstand Q und die Spannweite R für die beiden Städte.
c) Berechne die Standardabweichung s. Für wie viele Monate liegt die Anzahl der Regentage ausserhalb des Intervalls $[\overline{x}-s,\ \overline{x}+s]$?
d) Mache Aussagen über die klimatischen Verhältnisse in den Städten A und B.

Aufgabe 20: Eine Wetterstation liefert die Tagestemperaturen (in $^{\circ}$C), gemessen um 12:00, für die 30 Tage eines Monats:

11.8	12.4	18.5	24.2	23.5	20.8	21.5	23.5	20.6	15.4
14.8	17.5	16.9	18.2	16.4	17.9	20.3	19.5	17.9	18.5
24.0	23.5	25.2	23.6	22.2	20.7	21.0	20.4	18.9	21.8

a) Berechne die durchschnittliche Tagestemperatur.
b) Berechne den Median, den Quartilsabstand und die Spannweite.
c) Über viele Jahre gemittelt lagen die Durchschnittstemperaturen für diesen Monat bei 18.5°C. Haben sich die klimatischen Verhältnisse geändert?

7. Auswertung von Daten

Waschmittelpreise – Ein Beispiel

Für Waschmittel wurde bei einer Untersuchung die Verkaufspreise [CHF] festgestellt.

Urliste der Daten

8.10	7.40	8.35	8.50	8.80	7.20	6.55	8.10	6.30	7.90	6.90	7.25	7.85
6.60	8.50	6.90	6.90	8.80	6.90	8.90	5.80	6.10	7.50	6.10	7.85	7.60
5.60	8.10	8.35	5.60	7.35	6.30	7.85	6.10	7.30	7.85	7.30	7.60	7.25
6.10	5.80	7.30	6.10	7.25	6.55	6.90	7.25	5.60	5.80	6.90	8.10	7.35
8.50	7.30	8.35	8.80	8.90	7.85	6.55	8.35	6.30	7.90	6.30	7.85	7.25
5.60	8.10	8.35	5.60	7.35	6.30	7.85	6.10	7.30	7.85	7.30	7.60	7.25

Häufigkeitsverteilung

Preis w_i	Strichliste	Häufigkeiten		Summen der Häufigkeiten
		Absolut n_i	Relativ h_i	
5.60	ᛗ	5	0,064	5
5.80	‖|	3	0,038	8
6.10	ᛗ	6	0,077	14
6.30	ᛗ	5	0,064	19
6.55	‖|	3	0,038	22
6.60			1	0,013	23
6.90	ᛗ	6	0,077	29
7.20			1	0,013	30
7.25	ᛗ	6	0,077	36
7.30	ᛗ	6	0,077	42
7.35	‖|	3	0,038	45
7.40			1	0,013	46
7.50			1	0,013	47
7.60	‖|	3	0,038	50
7.85	ᛗ‖|	8	0,103	58
7.90	‖	2	0,026	60
8.10	ᛗ	5	0,064	65
8.35	ᛗ	5	0,064	70
8.50	‖|	3	0,038	73
8.80	‖|	3	0,038	76
8.90	‖	2	0,026	78
n		78	1,000	

Median

Die Stichprobe hat einen Umfang von $n = 78$. In der Mitte liegen also die Werte x_{39} und x_{40}. Wir beginnen von oben die absoluten Häufigkeiten zusammenzuzählen und finden für x_{39} und x_{40} die Preise 7.30. Der Median beträgt also $\tilde{x} = 7.30$.

Berechnung von Mittelwert, Varianz und Standardabweichung

Preis w_i	Absolute Häufigkeit n_i	$n_i \cdot w_i$	$w_i - \bar{x}$	$(w_i - \bar{x})^2$	$n_i \cdot (w_i - \bar{x})^2$
5.60	5	28,00	-1,65577	2,74157	13,70786
5.80	3	17,40	-1,45577	2,11926	6,35779
6.10	6	36,60	-1,15577	1,33580	8,01482
6.30	5	31,50	-0,95577	0,91349	4,56747
6.55	3	19,65	-0,70577	0,49811	1,49433
6.60	1	6,60	-0,65577	0,43003	0,43003
6.90	6	41,40	-0,35577	0,12657	0,75943
7.20	1	7,20	-0,05577	0,00311	0,00311
7.25	6	43,50	-0,00577	0,00003	0,00020
7.30	6	43,80	0,04423	0,00196	0,01174
7.35	3	22,05	0,09423	0,00888	0,02664
7.40	1	7,40	0,14423	0,02080	0,02080
7.50	1	7,50	0,24423	0,05965	0,05965
7.60	3	22,80	0,34423	0,11849	0,35548
7.85	8	62,80	0,59423	0,35311	2,82488
7.90	2	15,80	0,64423	0,41503	0,83007
8.10	5	40,50	0,84423	0,71273	3,56363
8.35	5	41,75	1,09423	1,19734	5,98670
8.50	3	25,50	1,24423	1,54811	4,64433
8.80	3	26,40	1,54423	2,38465	7,15395
8.90	2	17,80	1,64423	2,70349	5,40699
Summe	78	565,95			66,21990

Mittelwert: $\quad \bar{x} = \dfrac{565,95}{78} = \underline{7,26}$

Varianz: $\quad s^2 = \dfrac{66,21990}{77} = \underline{0,86}$

Standardabweichung: $\quad s = \sqrt{0,86} = \underline{0,93}$

$\bar{x} - s = 6,33$

$\bar{x} + s = 8,19$

absolut: $5 + 3 + 1 + 6 + 1 + 6 + 6 + 3 + 1 + 1 + 3 + 8 + 2 + 5 = 51$

Prozentualer Anteil der Stichproben – Werte im Intervall $[\bar{x} - s ; \bar{x} + s]$: $\dfrac{51}{78} \cdot 100 = 65,4\,\%$

Graphische Darstellungen

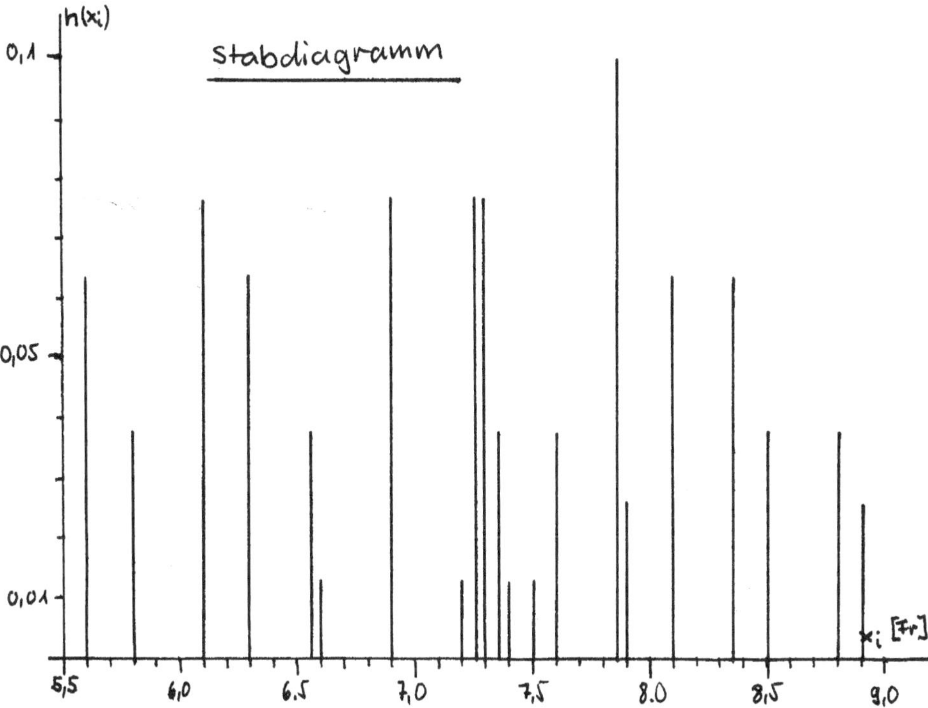

Zusammenfassung der Parameterwerte

Stichprobenumfang n	78
Mittelwert $\overline{x}$	7.26 Fr.
Median $\tilde{x}$	7.30 Fr.
Varianz s^2	0.86 Fr.
Standardabweichung s	0.93 Fr.

Zugfestigkeit von Blechen – Eine Aufgabe

Aufgabe 21: Bestimme die Häufigkeitsverteilung und stelle sie graphisch dar. Berechne den
Median, den Mittelwert, die Varianz und die Standardabweichung. Gehe vor wie im obigen
Beispiel gezeigt. Als Hilfe dienen die vorbereiteten Tabellen.

Bei der Produktion von Blech wurde an einer Stichprobe die Zugfestigkeit [kg/mm^2] gemessen.

Urliste der Daten

44 43 41 41 44 44 43 44
42 45 43 43 44 45 46 42
45 41 44 44 43 44 46 41
43 45 45 42 44 44

Häufigkeitsverteilung

w_i	Strichliste	Häufigkeiten		Summen der Häufigkeiten
		absolut n_i	relativ h_i	
Summen				

Median

Berechnung von Mittelwert, Varianz und Standardabweichung

w_i	abs. Häufigkeit n_i	$n_i \cdot w_i$	$w_i - \overline{x}$	$(w_i - \overline{x})^2$	$n_i \cdot (w_i - \overline{x})^2$
Summen					

Graphische Darstellungen (Stabdiagramm)

Zusammenfassung der Parameterwerte

Stichprobenumfang n	
Mittelwert $\overline{x}$	
Median $\tilde{x}$	
Varianz s^2	
Standardabweichung s	

8. Klassenbildung

Fichtenbestand – Ein Beispiel

Die Werte eines Merkmals können in Klassen eingeteilt werden. Dies ist dann notwendig, wenn das Merkmal sehr viele oder unendlich viele verschiedene Werte annehmen kann. Zum Beispiel kann die Höhe einer Fichte in einem gewissen Bereich jeden beliebigen Wert annehmen. In dem Beispiel, das hier diskutiert wird, wurde die Höhe [cm] von achtjährigen Fichten gemessen (vgl. unten).

Damit die Daten bei sehr vielen oder unendlich vielen verschiedenen Werten dargestellt werden können, müssen sie in Klassen eingeteilt werden. Sinnvoll kann die Klassenbildung auch sein, damit die Daten einfacher verarbeitet werden können, da nur noch die Klassenmitten und nicht die vielen einzelnen Merkmalswerte ausgewertet werden müssen. Da die Daten in der Regel jedoch mit dem Computer ausgewertet werden können, ist dies meistens nicht nötig. Sind die Werte mit einem (Mess-)fehler behaftet, so kann eine Klassierung mit der Breite des Fehlers die Daten realistisch darstellen. Die Klassierung dient vor allem der Darstellung der Daten.

Urliste der Daten

211	151	143	183	258	192	166	95	119	185	179	174	156	149	174
148	197	207	203	137	118	160	209	198	178	130	180	185	163	185
173	202	149	141	206	233	177	179	116	110	226	200	271	169	189
214	187	171	167	194	210	222	168	181	185	239	193	188	219	195
157	164	183	186	214	242	154	142	170	156	216	172	140	124	212
147	98	165	202	176	144	112	189	191	165	136	116	159	168	182
184	202	158	139	208	190	201	220	248	253	232	221	215	161	180
156	140	185	165	161	145	123	199	203	180	163	165	153	133	

Klassenbildung

Wir wollen die Daten in mehrere Klassen (Intervalle) mit einer bestimmten Breite einteilen. Die Klassen sollten alle dieselbe Breite haben. Wir berechnen die *Klassenbreite* Δx, indem wir die Spannweite der Daten regelmässig auf die r Klassen verteilen:

$$\text{Klassenbreite } \Delta x = \frac{\text{grösster Wert} - \text{kleinster Wert}}{\text{Anzahl Klassen}} = \frac{x_{max} - x_{min}}{r}$$

In wie viele Klassen sollen wir den Datensatz aufteilen? Als Faustregel für die *Anzahl Klassen r* gilt:

$$\text{Anzahl Klassen } r = \sqrt{\text{Stichprobenumfang}} = \sqrt{n} \qquad \text{für } 50 < n < 500$$

Für grössere Stichproben wächst die Anzahl Klassen langsamer. Es ist selten sinnvoll, mehr als 30 Klassen zu bilden. Umgekehrt ist für Stichproben mit einem Umfang von weniger 50 das Berechnen von Häufigkeitsverteilungen und das Festlegen von Klassen wenig sinnvoll. Oft ist es sinnvoll die Klassenbreite so zu wählen, dass die Daten einfach dargestellt werden können. Schätzten wir mit der obigen Faustregel eine Klassenbreite von 9.2, ist es angebrachter, die Klassenbreite 10 zu wählen.

In unserem Beispiel gilt also:

Anzahl Klassen $k = \sqrt{119} = 10.9087 \approx 11$.

Der kleinste Wert ist $x_{min} = 95$ cm und der grösste Wert ist $x_{max} = 271$ cm.

Die Spannweite ist also $R = x_{max} - x_{min} = 271$ cm $- 95$ cm $= 176$ cm.

Die berechnete Klassenbreite ist demnach $\Delta x = 176$ cm $/ 11 = 16$ cm.

Jede Klasse hat eine *Klassenmitte* w_i. Die Anzahl gemessener Werte in einer Klasse ist die *absolute Klassenhäufigkeit* n_i, ihr Anteil an der gesamten Stichprobe ist die *relative Klassenhäufigkeit* h_i.

Für die Berechnungen von Parametern (Median, Mittelwert, Varianz, Standardabweichung) werden nur noch die Klassenmitten w_i und die Klassenhäufigkeiten verwendet.

Bei der Festlegung der Klassenmitten werden die Klassen symmetrisch um die Mitte zwischen x_{min} und x_{max} angeordnet werden. Im Allgemeinen beginnt die unterste Klasse nicht einfach beim kleinsten Wert der Stichprobe. Dies gilt nur, wenn die Klassenbreite nicht gerundet wurde.

Häufigkeitsverteilung

Die tiefste Klasse hat die Klassenmitte $x_1 = 103$ cm. Die Klassenbreite ist $\Delta x = 16$ cm. Es handelt sich also um das Intervall von 95 cm bis 111 cm.

Nr. i	Intervall der Klasse	Klassenmitte w_i	Strichliste	abs. Häufigkeiten n_i	rel. Häufigkeiten h_i	Summen der Häufigkeiten
1	$95 \leq x < 111$	103	III	3	2.52 %	3
2	$111 \leq x < 127$	119	ЖЖ II	7	5.88 %	10
3	$127 \leq x < 143$	135	ЖЖ IIII	9	7.56 %	19
4	$143 \leq x < 159$	151	ЖЖ ЖЖ ЖЖ	15	12.61 %	34
5	$159 \leq x < 175$	167	ЖЖ ЖЖ ЖЖ ЖЖ II	22	18.49 %	56
6	$175 \leq x < 191$	183	ЖЖ ЖЖ ЖЖ ЖЖ IIII	24	20.17 %	80
7	$191 \leq x < 207$	199	ЖЖ ЖЖ ЖЖ I	16	13.45 %	96
8	$207 \leq x < 223$	215	ЖЖ ЖЖ IIII	14	11.76 %	110
9	$223 \leq x < 239$	231	III	3	2.52 %	113
10	$239 \leq x < 255$	247	IIII	4	3.36 %	117
11	$255 \leq x \leq 271$	263	II	2	1.68 %	119
			Summe	119	100 %	

Median

Die Stichprobe hat einen Umfang von 119. In der Mitte liegt also der 60-te Wert. Wie wir durch Summieren der Häufigkeiten erkennen, liegt dieser Wert in der Klasse mit der Mitte 183 cm.

Der Median ist also $\tilde{x} = 183$ cm.

Berechnung von Mittelwert, Varianz und Standardabweichung

Klassenmitte w_i	abs. Häufig-keiten n_i	$n_i \cdot w_i$	$w_i - \bar{x}$	$(w_i - \bar{x})^2$	$n_i \cdot (w_i - \bar{x})^2$
103	3	309	-74.22	5508.4	16525.2
119	7	833	-58.22	3389.4	23725.8
135	9	1215	-42.22	1782.4	16041.6
151	15	2265	-26.22	687.4	10311.1
167	22	3674	-10.22	104.4	2297.2
183	24	4392	5.78	33.4	802.2
199	16	3184	21.78	474.4	7591.0
215	14	3010	37.78	1427.4	19984.2
231	3	693	53.78	2892.5	8677.4
247	4	988	69.78	4869.5	19477.8
263	2	526	85.78	7358.5	14716.9
Summe	119	21'089			140150.3

Stichprobe $\quad n = 119$

Mittelwert $\quad \bar{x} = \dfrac{21'086}{119} = 177.2 \text{ cm}$

Varianz $\quad s^2 = \dfrac{140150.3}{118} = 1187{,}7 \text{ cm}^2$

Abweichung $\quad s = \sqrt{1187.7} = 34.5 \text{ cm}$

Median $\quad \tilde{x} = \; = 183 \text{ cm}$

Graphische Darstellungen (Histogramm)

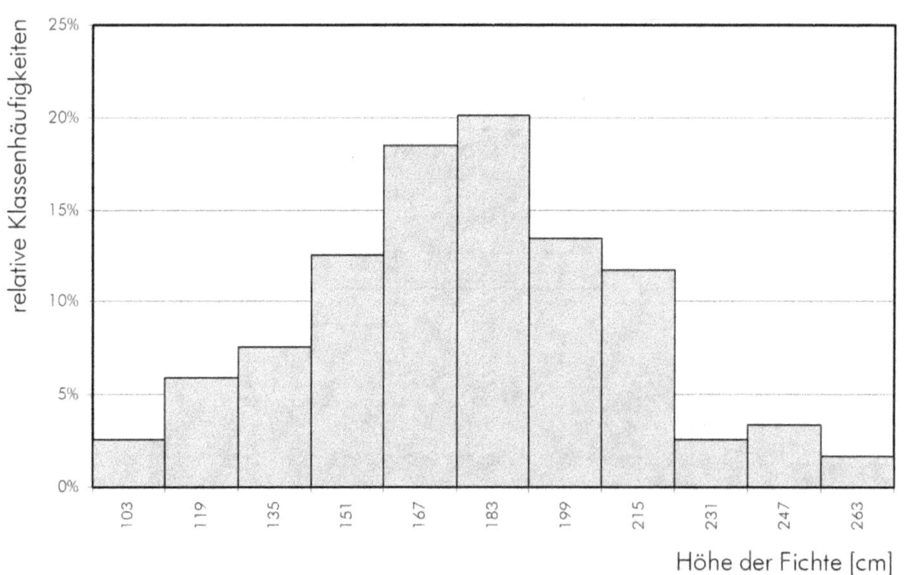

Messung der Lichtgeschwindigkeit von Simon Newcomb

Die Lichtgeschwindigkeit ist eine der fundamentalen
Naturkonstanten, die von grundlegender Bedeu-
tung für unser Verständnis des Universums ist.
Sogar in unserem täglichen Leben spielt sie eine
entscheidende Rolle. Beispielsweise wird bei der
Bestimmung des Standorts eines Autos mit GPS die
genaue Kenntnis der Lichtgeschwindigkeit benötigt.
Sie beträgt $c = 2.99792458 \cdot 10^8$ m/s .

Der kanadisch-amerikanische Astronom Simon
Newcomb (1835–1909) führte im Jahr 1882 eine
berühmte Messung durch, bei der er ein Lichtsignal
von seinem Labor am Potomac River in Washington
DC zu einem Spiegel am Fusse des Washington
Monument schickte und wieder zurück. Die
Gesamtstrecke betrug dabei zweimal 3'721 Meter.
Er mass die Laufzeit des Lichtsignals. Während des
Experiments stand der Verkehr in der Hauptstadt
still.

Aufgabe 22: Mache eine geeignete Klasseneinteilung, bestimme die Häufigkeitsverteilung und
stelle sie graphisch dar. Berechne den Median, den Mittelwert, die Varianz und die Standardabweichung. Gehe vor, wie im obigen Beispiel gezeigt. Als Hilfe dienen die vorbereiteten
Tabellen. Beachte: Wird die Klassenbreite gerundet, so sollte nicht einfach beim kleinsten Wert
x_{min} mit den Klassen begonnen werden, sondern die Klassen symmetrisch um die Mitte
zwischen den Werten x_{min} und x_{max} angeordnet werden.

Urliste der Daten

Insgesamt nahm Newcomb 64 Messwerte auf. Die Laufzeit wurde in Nanosekunden
(1 ns $= 10^{-9}$ s $= 0.000'000'001$ s) gemessen.

Wert (ns)	Wert (ns)	Wert (ns)	Wert (ns)	Wert (ns)	Wert (ns)	Wert (ns)	Wert (ns)
24'828	24'829	24'831	24'825	24'830	24'827	24'826	24'832
24'826	24'822	24'819	24'821	24'832	24'827	24'832	24'825
24'833	24'824	24'824	24'828	24'836	24'828	24'832	24'829
24'824	24'821	24'820	24'829	24'826	24'827	24'824	24'827
24'834	24'825	24'836	24'837	24'830	24'831	24'839	24'828
24'827	24'830	24'832	24'825	24'822	24'827	24'828	24'829
24'816	24'823	24'836	24'828	24'836	24'826	24'824	24'816
24'840	24'829	24'828	24'826	24'823	24'833	24'825	24'823

Klassenbildung

Häufigkeitsverteilung

Intervall der Klasse	Klassen-mitte w_i	Strichliste	abs. Häufig-keiten n_i	rel. Häufig-keiten h_i	Summen der Häufigkeiten
		Summe			

Median

Berechnung von Mittelwert, Varianz und Standardabweichung

Klassenmitten w_i	Absolute Häufigkeit n_i	$n_i \cdot w_i$	$w_i - \overline{x}$	$(w_i - \overline{x})^2$	$n_i(w_i - \overline{x})^2$
Summen					

Mittelwert:

Varianz:

Standardabweichung:

Graphische Darstellungen (Histogramm)

Zusammenfassung der Parameterwerte

Stichprobenumfang n	
Mittelwert $\overline{x}$	
Median $\tilde{x}$	
Varianz s^2	
Standardabweichung s	

Aufgabe 23: Welchen Wert hat Newcomb für die Lichtgeschwindigkeit ermittelt?

Aufgabe 24: Eine Umfrage unter 120 Schülerinnen und Schüler ergab folgende Verteilung des monatlichen Taschengeldes in €:

Klasse xi	$0 \leq x < 5$	$5 \leq x < 10$	$10 \leq x < 20$	$20 \leq x < 30$	$20 \leq x < 50$	$50 \leq x < 75$
rel. H. [%]	10.8	15	21.8	15.8	19.1	17.5

a) Bestimme den Median, den Modus und das arithmetische Mittel.

b) Wie viele der befragten Schülerinnen und Schüler erhalten mindestens 20 € Taschengeld?

c) Wie viel Taschengeld erhält ein Kind, das zum "ärmsten" Viertel gerechnet wird im Durchschnitt?

d) Wie viel € geben die Eltern aller befragten Schülerinnen und Schüler monatlich für Taschengeld aus? Welcher Teil des gesamten Taschengeldes wird von den Schülern bezogen, die mindestens 50 € erhalten?

9. Die Korrelation

Natürlich interessiert man sich meist nicht nur für die Frage, wie bestimmte Grössen (z.B. Körpergrössen, Schulnoten etc.) verteilt sind, sondern auch dafür, wie stark zwei verschiedene Grössen miteinander zusammenhängen: die sogenannte Korrelation. Typische Fragen dafür sind:

- Wie eng hängt der Zigarettenkonsum mit der Lebenserwartung zusammen?
- ... oder das Jahresgehalt einer Fussballerin mit und ihren Leistungen?
- ... oder die Einwohnerzahl einer Stadt mit der Kriminalitätsrate?

Natürlich braucht man in diesem Fall für jedes Objekt (Person, Stadt, ...) nicht nur einen Wert, sondern zwei. Man will eben genau berechnen, wie eng diese beiden miteinander zusammenhängen.

Was man dann ausrechnet, ist ein sogenannter *Korrelationskoeffizient*: ein Mass für den Zusammenhang zwischen zwei Grössen. Im Folgenden lerne die zwei wichtigsten Korrelationskoeffizienten kennen. Bei beiden ergeben sich immer Werte zwischen −1 und 1. Der Wert 1 bedeutet: Die beiden Datenreihen hängen maximal eng zusammen. Der Wert 0 heisst: Die eine und die andere Grösse hängen nicht im Geringsten zusammen; sie sind völlig zufällig. Der Wert −1 entspricht einem vollständigen Zusammenhang, aber umgekehrt: Je grösser die einen Werte sind, desto kleiner die anderen.

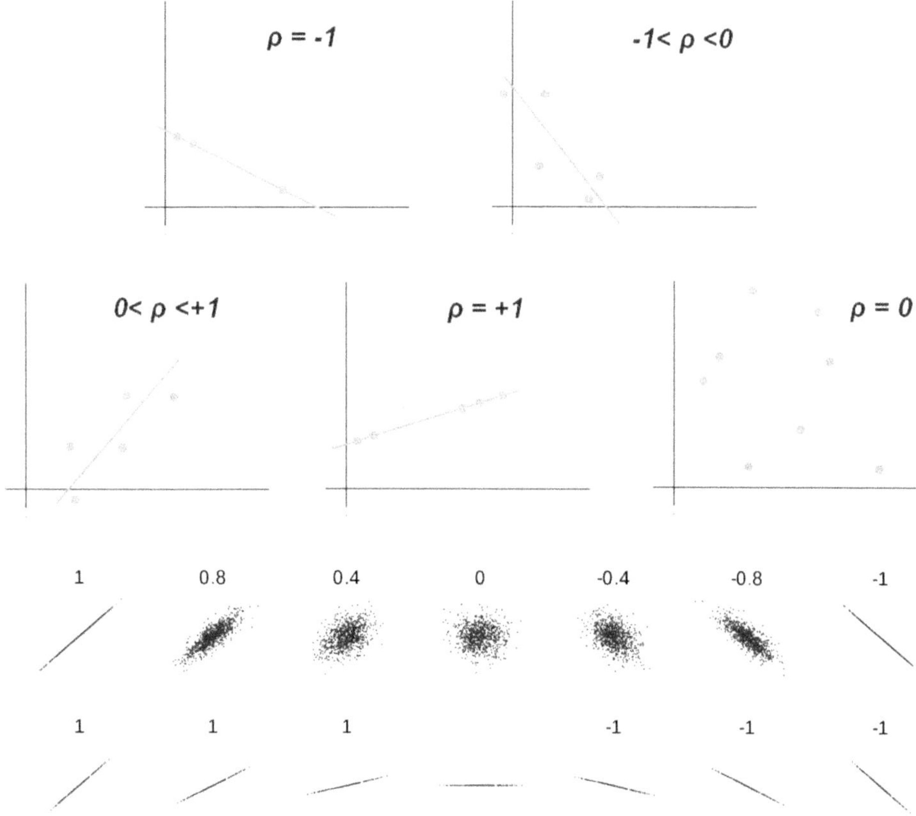

Der *(Pearson'scher-)Korrelationskoeffizient r* ist ein Mass für den Grad eines linearen Zusammenhangs. Er wird folgendermassen berechnet:

$$r = \frac{\sum_{i=1}^{n}(x_i - \bar{x})(y_i - \bar{y})}{\sqrt{\sum_{i=1}^{n}(x_i - \bar{x})^2} \cdot \sqrt{\sum_{i=1}^{n}(y_i - \bar{y})^2}} = \frac{s_{xy}}{s_x \cdot s_y}$$

Der *Ranglisten-Korrelationskoeffizient* ρ sagt etwas darüber aus, wie weit die Reihenfolge auf der einen Skala auch der Reihenfolge auf der anderen Skala entspricht. Man berechnet ihn so: Wir haben zwei Reihen von Werten: $x_1, x_2, x_3, ..., x_n$ und $y_1, y_2, y_3, ..., y_n$, wobei die Daten der Grösse nach geordnet sind. Dann prüft man zu jedem Wert der ersten Reihe, an welcher Stelle der zweiten Reihe der entsprechende y-Wert ist und bildet die Differenz zwischen den beiden Rangplätzen (z. B. der FC Zürich sind in der Reihenfolge der geschossenen Tore auf Platz 7, in der Stadionkapazität aber auf Platz 3.5, die Differenz ist also 3.5). Diese Differenzen $D_1, D_2, ... D_n$ setzt man in folgende Formel ein:

$$\rho = 1 - \frac{6 \cdot \left(D_1^2 + D_2^2 + ... + D_n^2\right)}{n \cdot \left(n^2 - 1\right)}$$

Aufgabe 25: Betrachten Sie die Fussballtabelle. Bestimme den (Pearson'sche-) Korrelationskoeffizient r für die möglichen Zusammenhänge a) zwischen der Grösse des Stadions (Anzahl Plätze) und der Punktzahl sowie b) zwischen der Anzahl der selbst erzielten Treffer und der Anzahl der Gegentore. Bestimme auch den Ranglisten-Korrelationskoeffizienten für diese Zusammenhänge.

Abschlusstabelle der Raiffeisen-Super-League

Tabellenplatz / Team	Punkte	Tore : Gegentore	Anzahl Plätze
1. BSC Young Boys Bern	84	78:47	31'800
2. FC Basel	69	72:36	38'500
3. FC Luzern	54	51:51	17'800
4. FC Zürich	49	50:44	25'000
5. FC St. Gallen	45	52:72	19'700
6. FC Sion	42	53:56	16'300
7. FC Thun	42	53:68	10'300
8. Lugano F. C.	42	38:55	15'000
9. Grasshoppers Zürich	39	43:52	25'000
10. Lausanne Sports	35	46:67	15'700

Aufgabe 26: Gibt es einen (linearen) Zusammenhang zwischen x und y? Bestimme den (Pearson'schen) Korrelationskoeffizienten r.

Figur	x_i	y_i	$x_i - \bar{x}$	$y_i - \bar{y}$	$(x_i - \bar{x}) \cdot (y_i - \bar{y})$
A	25	250	10	140	1400
B	20	160	5	50	250
C	15	90	0	−20	0
D	10	40	−5	−70	350
E	5	10	−10	−100	1000
	$\bar{x} = 15$	$\bar{y} = 110$			$\sum = 3000$

Korrelation und Kausalität

„Die Korrelation beschreibt die Beziehung zwischen zwei oder mehreren statistischen Variablen. Wenn sie besteht, ist noch nicht gesagt, ob eine Grösse die andere kausal beeinflusst, ob beide von einer dritten Grösse kausal abhängen oder ob sich überhaupt ein *Kausalzusammenhang* folgern lässt."[5]

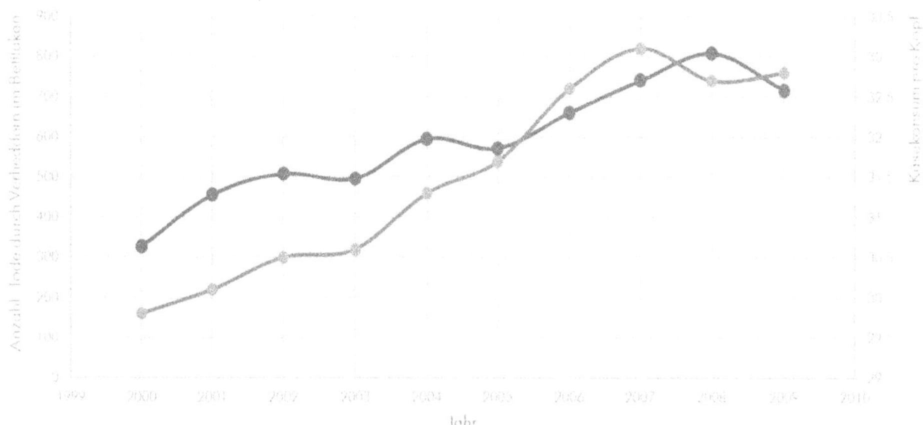

Der Käsekonsum pro Kopf weist eine enorm hohe Korrelation auf mit der Zahl von Menschen, die sich in ihrem Bettlaken verheddert haben und dadurch ums Leben kamen. Die Korrelation beträgt 0.95 – extrem hoch.

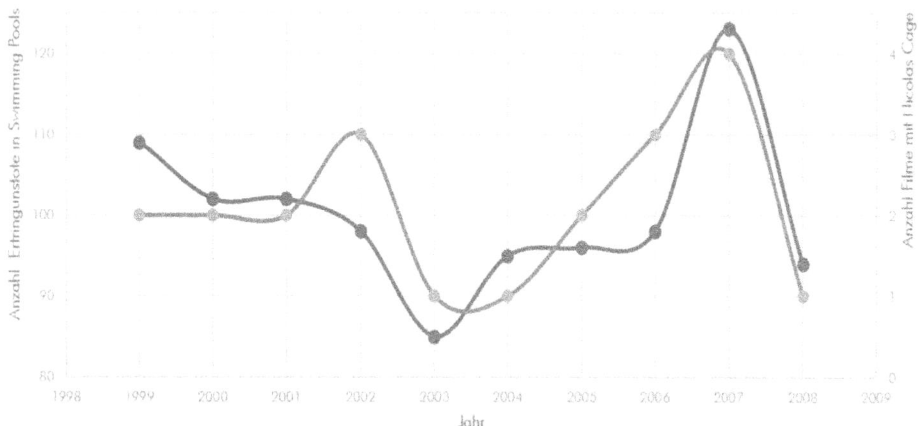

Hier ist der Zusammenhang dargestellt zwischen der Anzahl von Menschen pro Jahr, die ertrunken sind, weil sie in einen Pool fielen und der Anzahl Filmen mit Nicolas Cage, die im gleichen Jahr erschienen sind. Die Korrelation beträgt 0.67.

---

[5] aus „Korrelationskoeffizient" in Wikipedia, Die freie Enzyklopädie. 12. September 2017

Lösungen

1. a) quantitative Daten, metrisch-stetige Skala
    b) qualitative Daten, Nominalskala
    c) quantitative Daten, metrisch-diskrete Skala
    d) quantitative Daten, metrisch-diskrete Skala
        bzw. quantitative Daten, klassierte, metrisch-stetige Skala
    e) qualitative Daten, Nominalskala
    f) qualitative Daten, Ordinalskala
    g) quantitative Daten, metrisch-diskrete Skala
    h) quantitative Daten, metrisch-stetige Skala

2. Die ausgefüllte Tabelle:

	Qualitative Daten		Quantitative Daten	
	nominal	ordinale	diskret	stetig
Körpergewicht				X
Geschlecht	X			
Beruf	X			
Höchstgeschwindigkeit von Autos				X
Körperlänge				X
Beliebtheit einer Fernsehsendung		X		
Anzahl Fische im See			X	
Einkommen			X	
Qualität von Baumwolle		X		
Ferienziel	X			
Haarfarbe	X			
Anzahl tödlicher Verkehrsunfälle pro Jahr			X	
Körperlänge von Neugeborenen				X
Seitenzahl von Büchern			X	
Wirkungsgrad einer Salbe		X		

3. –

4. –

5. Wenn kein Verlauf und keine Hierarchie besteht, eignet sich für den Grössenvergleich am besten
    das Balkendiagramm oder das Kreisdiagramm.

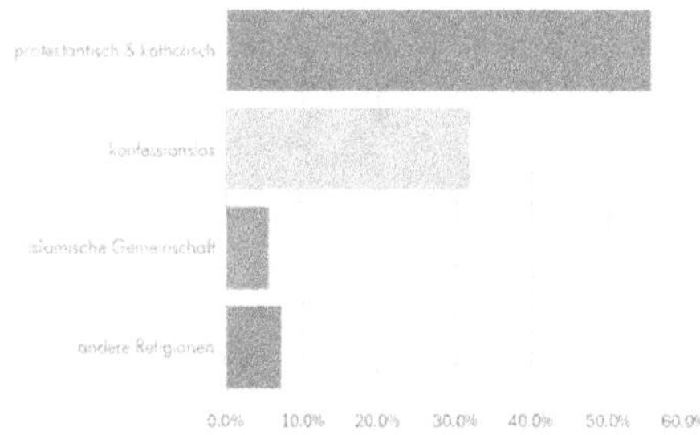

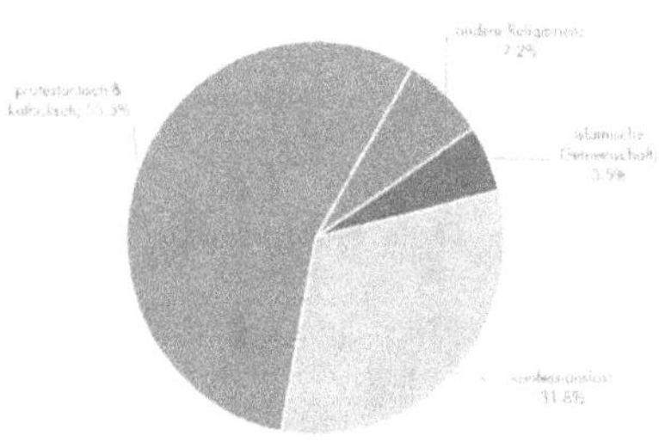

6. Die Planeten

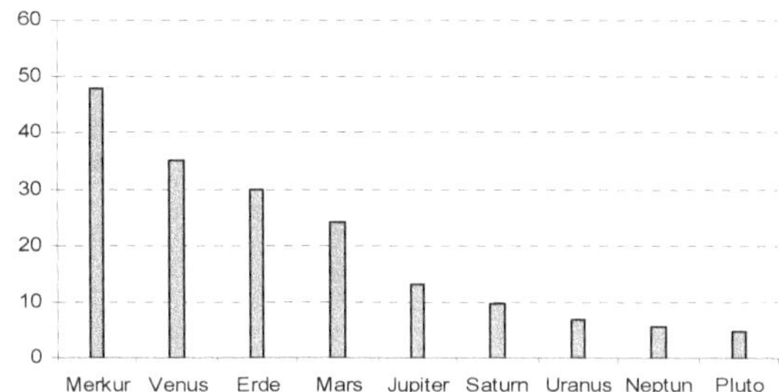

7. Wirksamkeit der Salbe gegen Krampfadern:

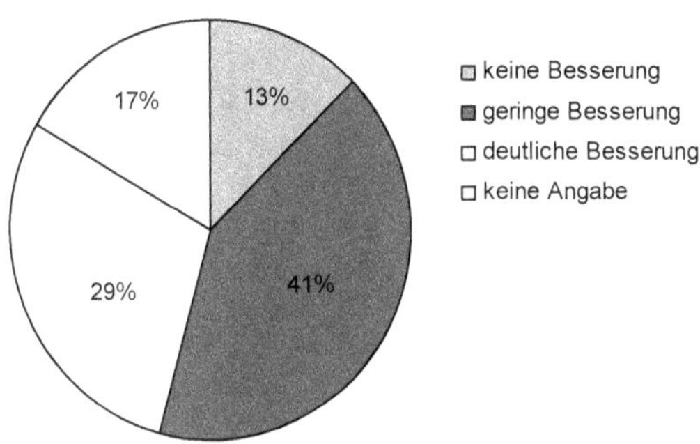

8. –

9. a) Hausmüll pro Kopf

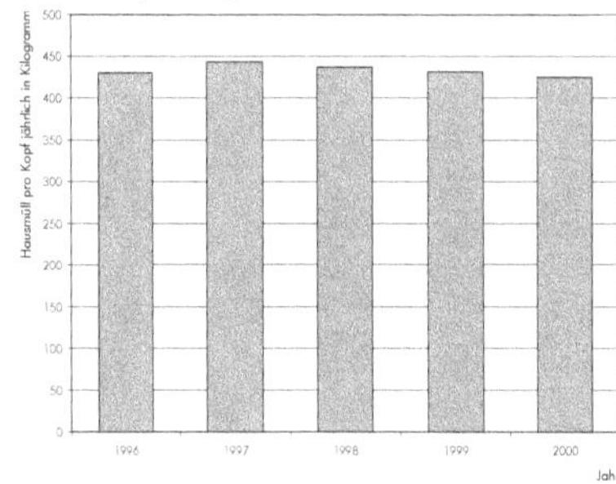

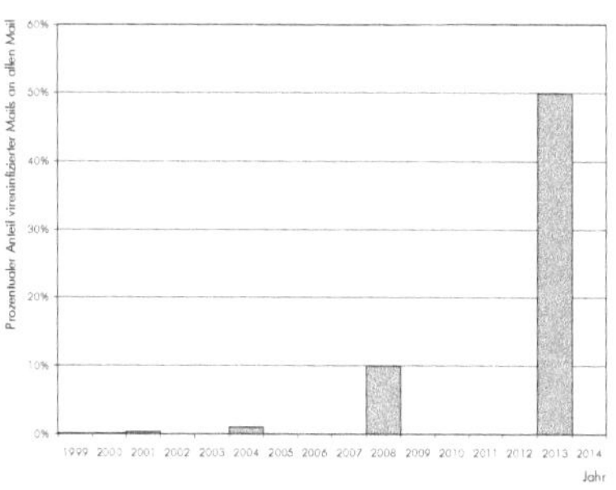

b) Militärausgaben

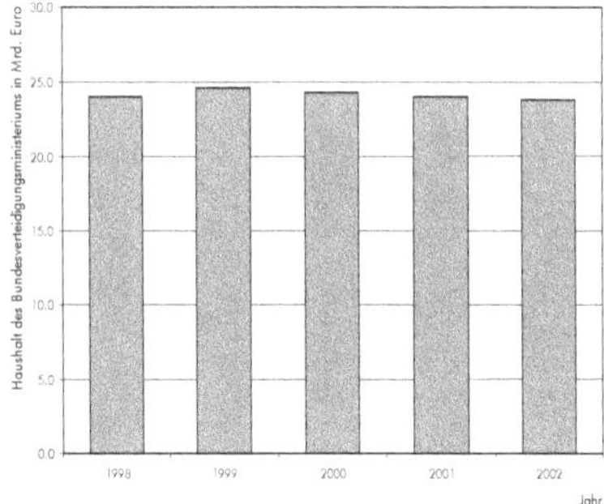

d) Bevölkerungswachstum Chinas

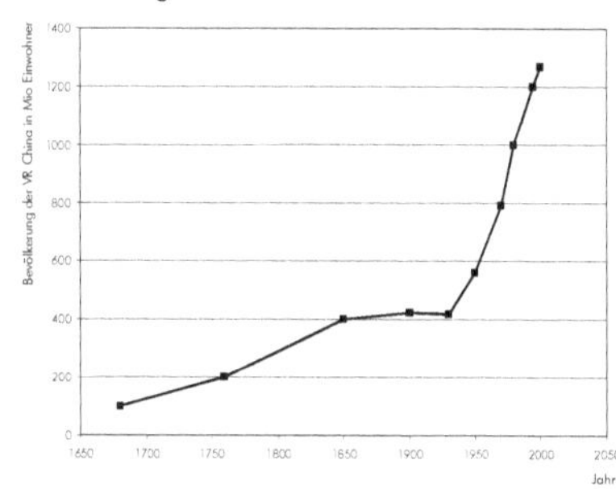

c) Spam-Mails

e) Kindergeld

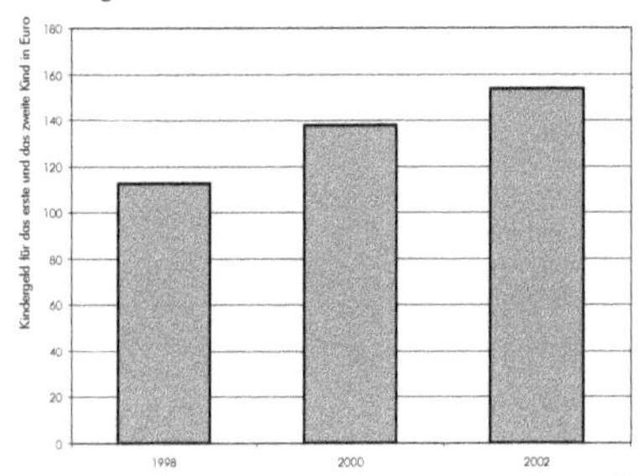

f) Jürgen Klinsmann

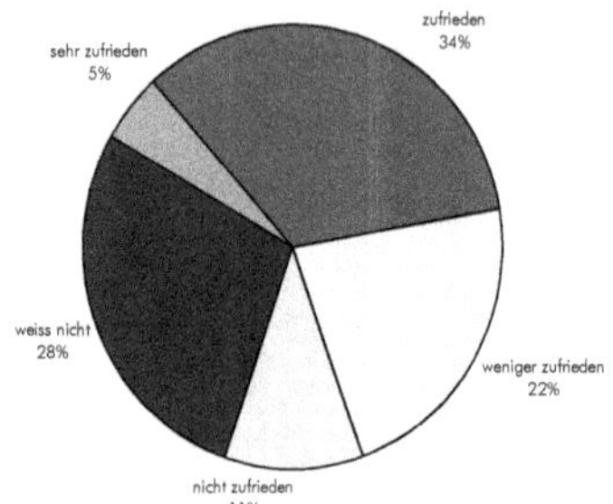

10. Typisches Ergebnis bei 100 Würfen:

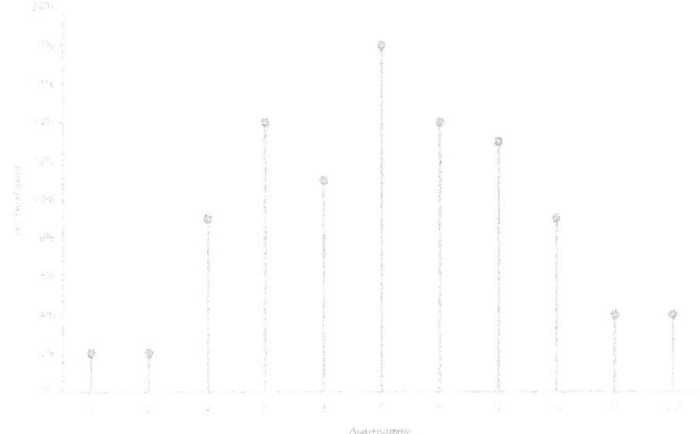

Erwartete Kurve bei unendlich vielen Würfen:

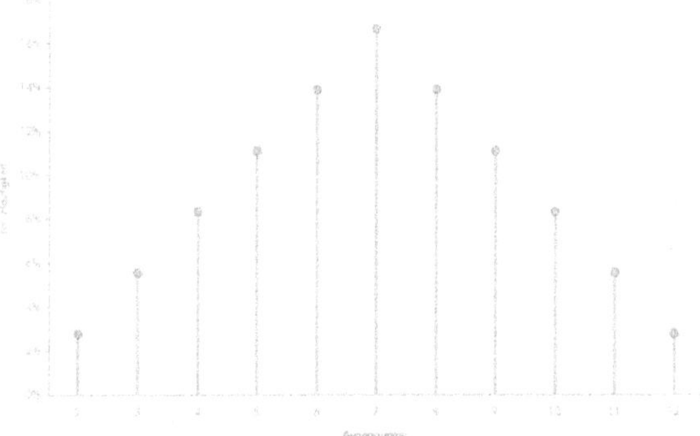

11. Grundgesamtheit: Alle Würfe mit zwei Würfeln.
    Stichprobe: Die Anzahl durchgeführter Würfe
        (wahrscheinlich ist bei Dir n = 100)
    Ergebnisse: Die konkreten Wurfbilder.
    Merkmal: Die Summe der Augenzahlen.
    Merkmalswerte: Die ganzen Zahlen von 2 bis 12.
    Absolute Häufigkeit: Die Anzahl mit der z.B. die
        Augensumme 6 erschienen ist (z.B. 12-mal).
    Relative Häufigkeit: Bei welchem Anteil der 100
        Würfe erschien z.B. die Summe 6 (z.B. 12 %)?

12. i, w_i, n_i, h_i

13.

	A	B	C
Mittelwert:	4.2	4.3	4.6
Median:	4.5	4.25	5
Modus	4.5	5	5.5

Die Klasse C ist am besten.

14. a) $\bar{x} = 54.2$ $\tilde{x} = 55.5$
    b) $\bar{x} = 55.4$ $\tilde{x} = 55.5$

15. a) $\tilde{x} = 1.8$ $\bar{x} = 2.0$
    b) erster Wert -1.2

16. $x_{min} = 4.5$ $x_{max} = 8$ $x_{max,\ ohne\ Ausreisser} = 6$
$\bar{x} = 5.3$ $\tilde{x} = 5.05$ $\hat{x} = $ keiner (bzw. 4.5, 5 und 5.2)
unteres Quartil $= 4.8$ oberes Quartil $= 5.5$

17. a) Die Werte als Quadrate auf dem Zahlenstrahl:

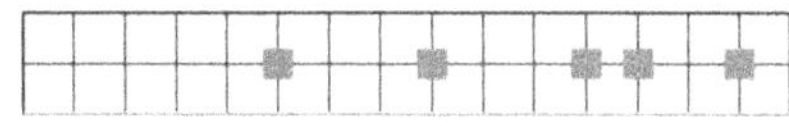

    b) $\bar{b} = 10$
    c) $s^2 = 12.5$
       $s = 3.53$
    d) 3 von 5 (60 %)

18. $\bar{b} = 11$
    $s = 0$

19. a) $\bar{x}_A = 9.417$ $\bar{x}_B = 9.500$

    b) $\tilde{x}_A = 9$ $\tilde{x}_B = 9$
       $Q_A = 5.5$ $Q_B = 11$
       $R_A = 9$ $R_B = 16$
    c) $s_A = 3.12$ $s_B = 5.84$
       6 Monate   6 Monate
    d) In den Städten A und B herrschen entgegengesetzte Wetterlagen.
       A: Im Winter wenig Regen, im Sommer viel Regen.
       B: Im Winter viel Regen, im Sommer wenig Regen.
       Ohne Temperaturangaben kann über das Klima so keine Aussage gemacht werden.
       Da Australien auf der Südhalbkugel liegt, sind die Monate Juni, Juli, August Wintermonate.

20. a) $\bar{x} = 19.7$
    b) $\tilde{x} = 20.35$
       $Q = 4.3$
       $R = 13.4$
    c) Im Jahr der Messung lag die Durchschnittstemperatur bei 19.7 °C, also um 1.2 °C höher als der Durchschnitt
       der Durchschnittswerte, die über viele Jahre gemessen wurden (18.5 °C). Da wir aber nichts über die Streuung
       der gemittelten Durchschnittswerte wissen, lässt sich keine Aussage über eine klimatische Veränderung machen.

21. Messung der Zugfestigkeit von Blech

Zugfestigkeit [kg/mm^2]

44	43	41	41	44	44	43	44
42	45	43	43	44	45	46	
42	45	41	44	44	43	44	
46	41	43	45	45	42	44	44

Häufgkeitsverteilung

Merkmal	Häufigkeit		Summenhäufigkeit		
Zugfestigkeit [kg/mm^2]	absolut	relativ	absolut	relativ	
41.0	4	13.33%	4	13.33%	
42.0	3	10.00%	7	23.33%	
43.0	6	20.00%	13	43.33%	
44.0	10	33.33%	23	76.67%	
45.0	5	16.67%	28	93.33%	
46.0	2	6.67%	30	100.00%	
	30	100.00%	Median	44.0	kg/mm^2

Berechnung der Parameter

Zugfestigkeit [kg/mm^2]	absolute Häufigkeit	Abweichung vom Mittelwert	Quadriert
41	4	-2.5000	6.2500
42	3	-1.5000	2.2500
43	6	-0.5000	0.2500
44	10	0.5000	0.2500
45	5	1.5000	2.2500
46	2	2.5000	6.2500

Mittelwert [kg/mm^2]	43.5	
Median [kg/mm^2]	44.0	
Varianz		2.05
Standardabweichung [kg/mm^2]		1.43

Grafische Darstellung

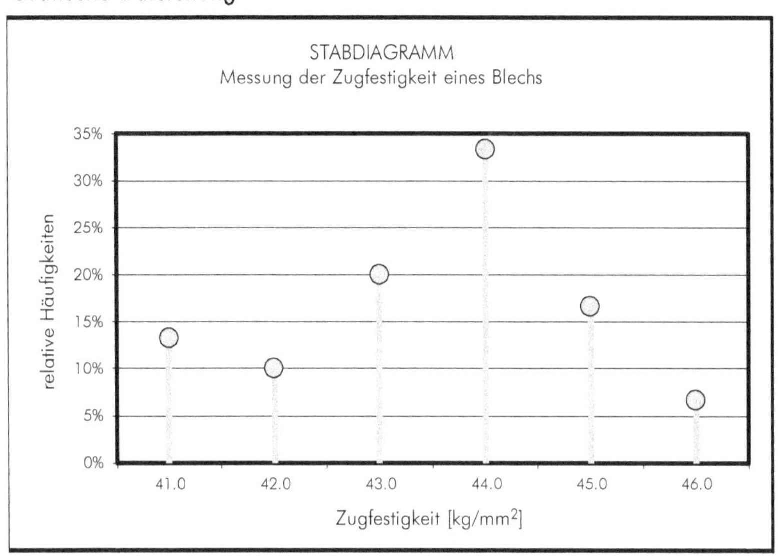

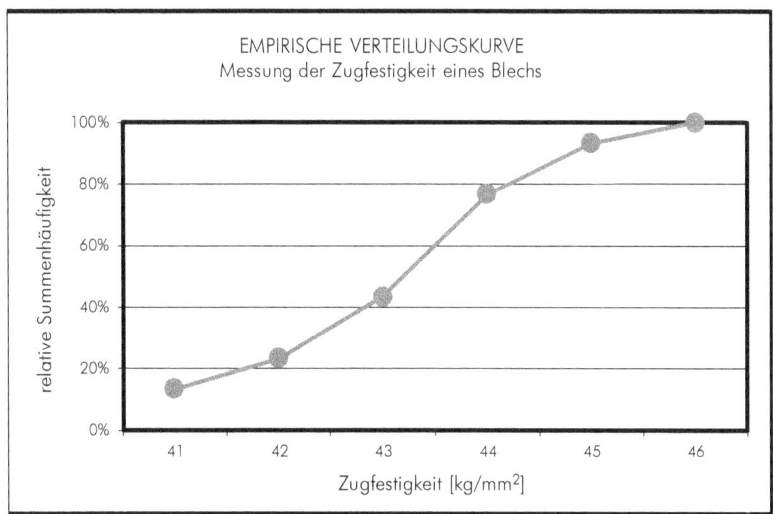

22. Messung der Lichtgeschwindigkeit

Laufzeit des Lichts [ns]

24828.0	24829.0	24831.0	24825.0	24830.0	24827.0	24826.0	24832.0				
24826.0	24822.0	24819.0	24821.0	24832.0	24827.0	24832.0	24825.0				
24833.0	24824.0	24824.0	24828.0	24836.0	24828.0	24832.0	24829.0				
24824.0	24821.0	24820.0	24829.0	24826.0	24827.0	24824.0	24827.0				
24834.0	24825.0	24836.0	24837.0	24830.0	24831.0	24839.0	24828.0				
24827.0	24830.0	24832.0	24825.0	24822.0	24827.0	24828.0	24829.0				
24816.0	24823.0	24836.0	24828.0	24836.0	24826.0	24824.0	24816.0				
24840.0	24829.0	24828.0	24826.0	24823.0	24833.0	24825.0	24823.0				

Klasseneinteilung

Stichproben n	64	
Anzahl Klassen	8	
Grösster Wert	24840.0	ns
Kleinster Wert	24816.0	ns
Differenz	24.0	ns
Klassenbreite	3	ns

Berechnung der Häufgkeitsverteilung

Klasseneinteilung				Häufigkeit		Summenhäufigkeit		
untere Grenze	obere Grenze	Intervall	Klassenmitte [ns]	absolut	relativ	absolut	relativ	
24816.0	24819.0	[24816, 24819[	24817.5	2	3.13%	2	3.13%	
24819.0	24822.0	[24819, 24822[	24820.5	4	6.25%	6	9.38%	
24822.0	24825.0	[24822, 24825[	24823.5	10	15.63%	16	25.00%	
24825.0	24828.0	[24825, 24828[	24826.5	16	25.00%	32	50.00%	
24828.0	24831.0	[24828, 24831[	24829.5	15	23.44%	47	73.44%	
24831.0	24834.0	[24831, 24834[	24832.5	9	14.06%	56	87.50%	
24834.0	24837.0	[24834, 24837[	24835.5	5	7.81%	61	95.31%	
24837.0	24840.0	[24837, 24840]	24838.5	3	4.69%	64	100.00%	
			Summe	64	100.00%	Median	24828.0	ns

Berechnung der Parameter

Intervall	Klassenmitte [min]	absolute Häufigkeit	Abweichung vom Mittelwert	Quadriert	
[24816, 24819[	24817.5	2	-10.6875	114.2227	
[24819, 24822[	24820.5	4	-7.6875	59.0977	
[24822, 24825[	24823.5	10	-4.6875	21.9727	
[24825, 24828[	24826.5	16	-1.6875	2.8477	
[24828, 24831[	24829.5	15	1.3125	1.7227	
[24831, 24834[	24832.5	9	4.3125	18.5977	
[24834, 24837[	24835.5	5	7.3125	53.4727	
[24837, 24840]	24838.5	3	10.3125	106.3477	
Mittelwert [ns]	24828.2				
Median [ns]	24828.0				
Varianz				23.96	
Standardabweichung [ns]				4.90	

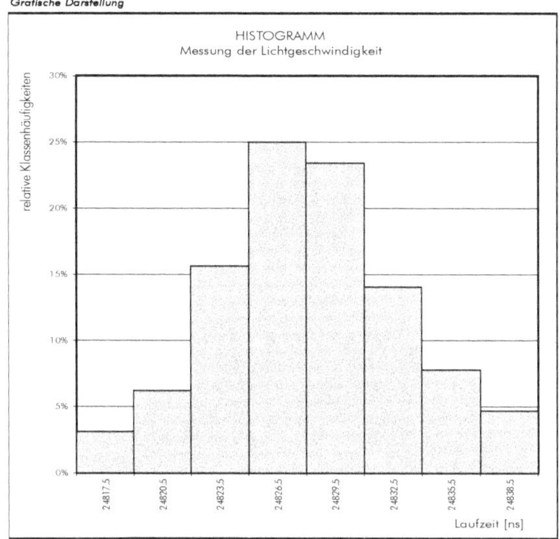

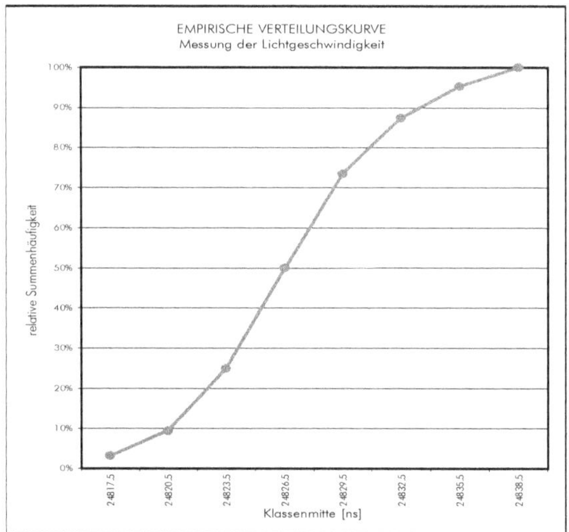

23. $c_{Newcomb}$ = 299'739'812 m/s (mit Klassenbildung)
 $c_{Newcomb}$ = 299'745'244 m/s (ohne Klassenbildung)
 $c_{heutiger\ Wert}$ = 299'792'458 m/s (Definition)

24. a) $\overline{x}$ = 27.1925
  $\tilde{x}$ = 20
  $\hat{x}$ = 15
 b) 63
 c) € 5.40
 d) € 3263.10 (40.22 %) [gerechnet mit genauer Anzahl Schülerinnen und Schüler]
  € 3265.00 (40.20 %) [gerechnet mit ganzzahliger Anzahl Schülerinnen und Schüler]

25. a) r = 0.758483
  (schwacher Zusammenhang, je grösser das Stadion, desto besser ist die Mannschaft)
 b) r = −0.46507
  (sehr schwacher Zusammenhang, je weniger Tore erzielt werden, desto mehr Gegentore werden kassiert)

26. r = 0.98

Regressionsanalyse

Regressionsanalysen sind statistische Analyseverfahren, die zum Ziel haben, Beziehungen zwischen einer abhängigen und einer oder mehreren unabhängigen Variablen zu modellieren. Sie werden insbesondere verwendet, wenn Zusammenhänge quantitativ zu beschreiben oder Werte der abhängigen Variablen zu prognostizieren sind.

Es liegen Messungen in Form von Wertepaaren vor, d.h. einer Menge von Punkten $P = \{(x_1, y_1), \ldots, (x_n, y_n)\}$. Es wird eine Funktion gesucht, deren Graph möglichst gut durch die Punkte geht.

Es muss eine Erwartung, durch welchen Funktionstyp der Zusammenhang der Wertepaar beschrieben wird, bekannt sein. Die Funktionsparameter werden berechnet.

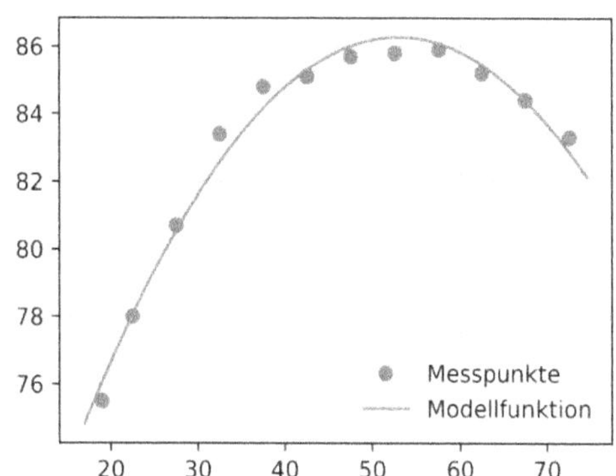

1. Lineare Regression

Bei der linearen Regression wird angenommen, dass der Zusammenhang der Wertepaare durch eine lineare Funktion beschrieben wird.

Wir müssen also die beiden Parameter Steigung m und y-Achsenabschnitt q möglichst gut bestimmen.

Was heisst jedoch „möglichst gut"? Ein Ansatz den Begriff genau zu fassen, besteht in der Methode der kleinsten Quadrate. Dabei wird die Summe der quadrierten vertikalen Abstände zwischen den Punkten und der Geraden minimiert.

Die Funktion F beschreibt die Summe der quadrierten Abstände. Eine Gerade wird durch die Steigung m und dem y-Achsenabschnitt q bestimmt. Die Funktion F hängt also von den Variablen m und q ab.

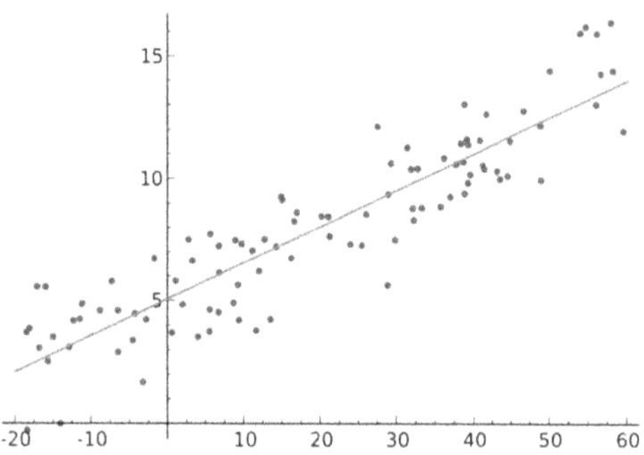

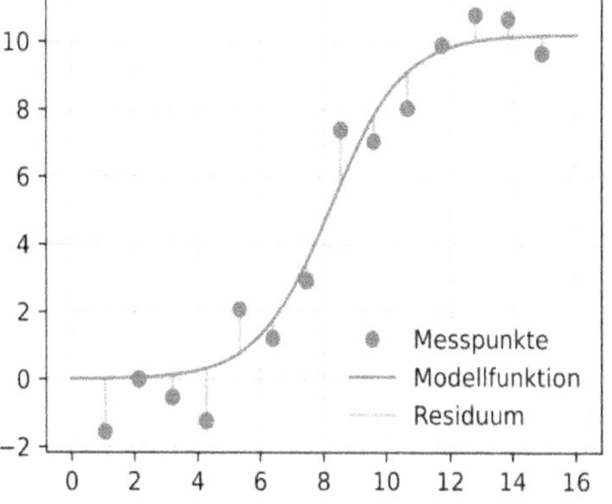

Die Funktion der Summe der quadrierten Abstände lautet also

$$F(m, q) = \sum_{i=1}^{n} (mx_i + q - y_i)^2$$

Um das Minimum der Funktion F zu bestimmen, setzt man die partiellen Ableitungen null.

$$\frac{\partial F(m,q)}{\partial m} = 0 \quad \text{und} \quad \frac{\partial F(m,q)}{\partial q} = 0$$

Daraus resultiert ein lineares 2 x 2–Gleichungssystem:

$$\frac{\delta F}{\delta m} = \sum_{i=1}^{n} \left[2(mx_i + q - y_i) \cdot x_i \right] = 0 \qquad (1)$$

$$\frac{\delta F}{\delta q} = \sum_{i=1}^{n} \left[2(mx_i + q - y_i) \cdot 1 \right] = 0 \qquad (2)$$

$$(2) \Rightarrow \sum mx_i + \underbrace{\sum q}_{n \cdot q} - \sum y_i = 0$$

$$\Rightarrow n \cdot q = \sum y_i - \sum mx_i \Rightarrow q = \frac{\sum y_i - m \sum x_i}{n}$$

$$= \bar{y} - m\bar{x}$$

$$(1) \Rightarrow \sum mx_i^2 + \sum qx_i - \sum x_i y_i = 0$$

$$\Rightarrow m \sum x_i^2 + q \sum x_i - \sum x_i y_i = 0$$

$$\Rightarrow m \sum x_i^2 + q n\bar{x} - \sum x_i y_i = 0$$

$$\Rightarrow m \sum x_i^2 + (\bar{y} - m\bar{x})\bar{x} \cdot n - \sum x_i y_i = 0$$

$$m \sum x_i + \bar{y}\bar{x}n - m\bar{x}^2 n - \sum x_i y_i = 0$$

$$m \left(\sum x_i - \bar{x}^2 n \right) = \sum x_i y_i - n \cdot \bar{x}\bar{y}$$

und wir finden für die Steigung m und den y-Achsenabschnitt q

$$m = \frac{\sum_{i=1}^{n}(x_i \cdot y_i) - n \cdot \bar{x} \cdot \bar{y}}{\sum_{i=1}^{n}(x_i^2) - n \cdot \bar{x}^2} \quad \text{und} \quad q = \bar{y} - m \cdot \bar{x}$$

mit $\bar{x} = \dfrac{1}{n} \cdot \sum_{i=1}^{n} x_i$: Mittelwert der x-Koordinaten der Punkte

$\bar{y} = \dfrac{1}{n} \cdot \sum_{i=1}^{n} y_i$: Mittelwert der y-Koordinaten der Punkte

Beispiel

Gegeben sind die Wertepaare:

$$P = \{(0, 1), (1, 2), (2, 5), (3, 4)\}$$

Daraus ergibt sich:

$$m = \frac{0\cdot1+1\cdot2+2\cdot5+3\cdot4-4\cdot1.5\cdot3}{0+1+4+9-4\cdot1.5^2} = \frac{6}{5} = 1.2$$

$$q = 3 - 1.2\cdot1.5 = 1.2$$

Die Regressionsgerade hat also die Gleichung $y = 1.2x + 1.2$.

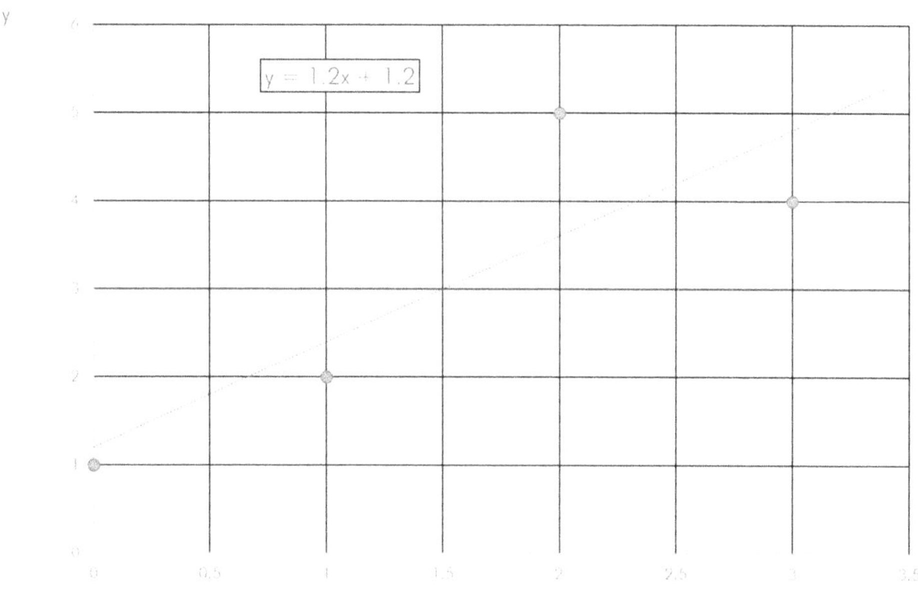

Aufgabe 1: Berechne die Regressionsgerade für die Punktemenge
$P=\{(1, 2), (2, 2), (3, 5), (4, 5), (5, 7), (6, 8), (8, 12), (10, 18)\}$.

Aufgabe 2: Weise nach, dass der Punkt $(\overline{x}, \overline{y})$ auf der Regressionsgeraden liegen muss.

2. Korrelation

(Pearson'scher) Korrelationskoeffizient

Die lineare Regression liefert uns den bestmöglichen linearen Zusammenhang zwischen den Merkmalen X und Y. Es ist aber durchaus möglich, dass ein Zusammenhang zwischen X und Y nicht existiert oder nicht linear ist. Aus diesem Grund gibt es ein Mass für die Güte der Regression. Dieses Mass ist der Korrelationskoeffizient.

„Der Korrelationskoeffizient [...] ist ein dimensionsloses Mass für den Grad des linearen Zusammenhangs zwischen zwei [...] Merkmalen. Er kann Werte zwischen -1 und $+1$ annehmen. Bei einem Wert von $+1$ (bzw. -1) besteht ein vollständig positiver (bzw. negativer) linearer Zusammenhang zwischen den betrachteten Merkmalen. Wenn der Korrelationskoeffizient den Wert 0 aufweist, hängen die beiden Merkmale überhaupt nicht linear voneinander ab. Allerdings können diese ungeachtet dessen in nichtlinearer Weise voneinander abhängen."[1]

Definition: Der **Korrelationskoeffizient r** ist wie folgt definiert:

$$r = \frac{\sum_{i=1}^{n}(x-\bar{x})(y-\bar{y})}{\sqrt{\sum_{i=1}^{n}(x-\bar{x})^2} \cdot \sqrt{\sum_{i=1}^{n}(y-\bar{y})^2}} = \frac{s_{xy}}{s_x \cdot s_y}$$

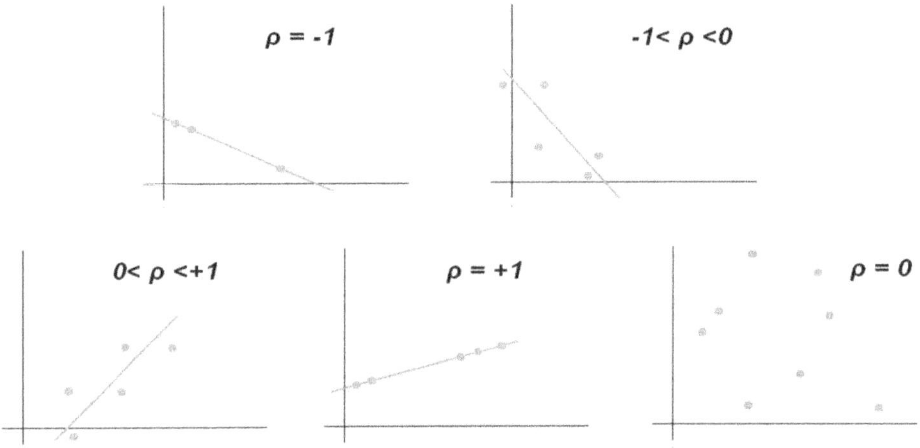

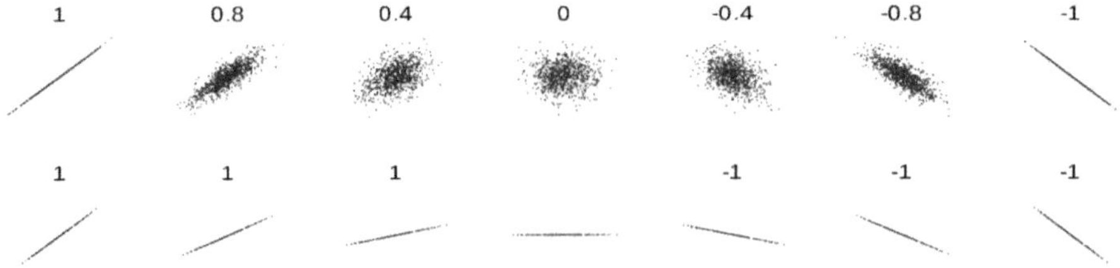

---

[1] aus „Korrelationskoeffizient" in *Wikipedia, Die freie Enzyklopädie*. 12. September 2017

Bestimmtheitsmass r^2

Das Bestimmtheitsmass ist ein weiteres Gütemass der Statistik. Es zeigt, wie viel Variation in den Daten durch ein vorliegendes Regressionsmodell erklärt werden kann. Damit wird auch indirekt der Zusammenhang zwischen der abhängigen und den unabhängigen Variablen gemessen. Das Bestimmtheitsmass wird meist als R^2 oder r^2 notiert, da es im Falle der einfachen linearen Regression das Quadrat des Korrelationskoeffizienten r^2.

Korrelation und Vektoren

Setzt man $\vec{x} = \begin{pmatrix} x_1 - \bar{x} \\ \dots \\ \dots \\ x_n - \bar{x} \end{pmatrix}$ und $\vec{y} = \begin{pmatrix} y_1 - \bar{y} \\ \dots \\ \dots \\ y_n - \bar{y} \end{pmatrix}$, so kann der Korrelationskoeffizient r

mit Hilfe von Vektoren interpretiert werden.

Für das Skalarprodukt gilt bekanntlich: $\cos\alpha = \dfrac{\vec{a}\cdot\vec{b}}{|\vec{a}|\cdot|\vec{b}|}$, wobei α der Winkel zwischen den beiden Vektoren ist. Vergleichen wir diese Formel mit derjenigen des Korrelations-koeffizienten, stellen wir fest, dass $r = \cos\alpha = \dfrac{\vec{x}\cdot\vec{y}}{|\vec{x}|\cdot|\vec{y}|}$.

Der Korrelationskoeffizient wir also

1 bzw. −1, wenn die beiden Vektoren $\vec{x}$ und $\vec{y}$ ...*kollinear*... sind.

0, wenn die beiden Vektoren $\vec{x}$ und $\vec{y}$ ...*senkrecht*... sind.

Aufgabe 3: Gibt es einen Zusammenhang zwischen x und y?

Figur	x_i	y_i	$x_i - \bar{x}$	$y_i - \bar{y}$	$(x_i - \bar{x})\cdot(y_i - \bar{y})$
A	25	250	10	140	1400
B	20	160	5	50	250
C	15	90	0	−20	0
D	10	40	−5	−70	350
E	5	10	−10	−100	1000
	$\bar{x} = 15$	$\bar{y} = 110$			$\Sigma = 3000$

Aufgabe 4: Berechne den Korrelationskoeffizienten r für die Punktemenge
$P = \{(1, -1), (2, -2), (3, -4), (5, -4)\}$.

Aufgabe 5: Erfinde je ein Beispiel mit 3 Punkten und
a) $r = 0$ b) $r = 1$ c) $r = -1$ d) $r = 0.5$

Aufgabe 6: Überlegen Dir Beispiele von Daten, bei denen Du eine Korrelation nahe bei 1 oder ungefähr 0 oder nahe bei −1 vermutest.

Ranglisten-Korrelationskoeffizient

Der *Ranglisten-Korrelationskoeffizient* ρ sagt etwas darüber aus, wie weit die Reihenfolge auf der einen Skala auch der Reihenfolge auf der anderen Skala entspricht, das heisst, er misst, wie gut eine beliebige monotone Funktion den Zusammenhang zwischen zwei Variablen beschreiben kann, ohne irgendwelche Annahmen über die Wahrscheinlichkeitsverteilung der Variablen zu machen. Die namensgebende Eigenschaft dieser Masszahlen ist es, dass sie nur den Rang der beobachteten Werte berücksichtigen, also nur ihre Position in einer geordneten Liste. Anders als der Pearson'sche Korrelationskoeffizient benötigen Rangkorrelationskoeffizienten nicht die Annahme, dass die Beziehung zwischen den Variablen linear ist.

Man berechnet den *Ranglisten-Korrelationskoeffizient* ρ so: Wir haben zwei Reihen von Werten: $x_1, x_2, x_3, ..., x_n$ und $y_1, y_2, y_3, ..., y_n$, wobei die Daten der Grösse nach geordnet sind. Dann prüft man zu jedem Wert der ersten Reihe, an welcher Stelle der zweiten Reihe der entsprechende y-Wert ist und bildet die Differenz zwischen den beiden Rangplätzen (z. B. der FC Zürich ist in der Reihenfolge der geschossenen Tore auf Platz 7, in der Stadionkapazität aber auf Platz 3.5, Differenz also 3.5). Diese Differenzen $D_1, D_2, ... D_n$ setzt man in folgende Formel ein:

$$\rho = 1 - \frac{6 \cdot \left(D_1^2 + D_2^2 + ... + D_n^2\right)}{n \cdot \left(n^2 - 1\right)}$$

Aufgabe 6: Betrachten Sie die Fussballtabelle. Bestimme den (Pearson'sche-) Korrelationskoeffizient r für die möglichen Zusammenhänge a) zwischen der Grösse des Stadions (Anzahl Plätze) und der Punktzahl sowie b) zwischen der Anzahl der selbst erzielten Treffer und der Anzahl der Gegentore. Bestimme auch den Ranglisten-Korrelationskoeffizienten für diese Zusammenhänge.

Abschlusstabelle der Raiffeisen-Super-League
Schweizer Fussballmeisterschaft 2017 – 18

Tabellenplatz / Team	Punkte	Tore : Gegentore	Anzahl Plätze
1. BSC Young Boys Bern	84	78:47	31'800
2. FC Basel	69	72:36	38'500
3. FC Luzern	54	51:51	17'800
4. FC Zürich	49	50:44	25'000
5. FC St. Gallen	45	52:72	19'700
6. FC Sion	42	53:56	16'300
7. FC Thun	42	53:68	10'300
8. Lugano F. C.	42	38:55	15'000
9. Grasshoppers Zürich	39	43:52	25'000
10. Lausanne Sports	35	46:67	15'700

Korrelation und Kausalität

„Die Korrelation beschreibt die Beziehung zwischen zwei oder mehreren statistischen Variablen. Wenn sie besteht, ist noch nicht gesagt, ob eine Grösse die andere kausal beeinflusst, ob beide von einer dritten Grösse kausal abhängen oder ob sich überhaupt ein **Kausalzusammenhang** folgern lässt." [2]

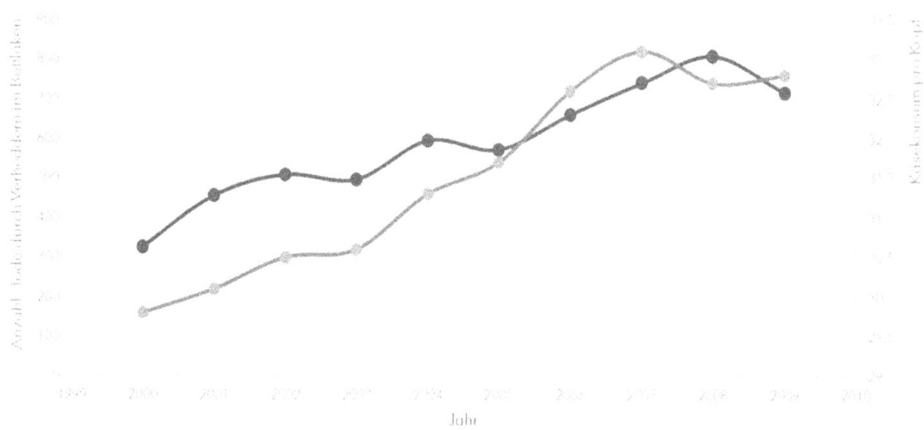

Der Käsekonsum pro Kopf weist eine enorm hohe Korrelation auf mit der Zahl von Menschen, die sich in ihrem Bettlaken verheddert haben und dadurch ums Leben kamen. Die Korrelation beträgt 0.95 – extrem hoch.

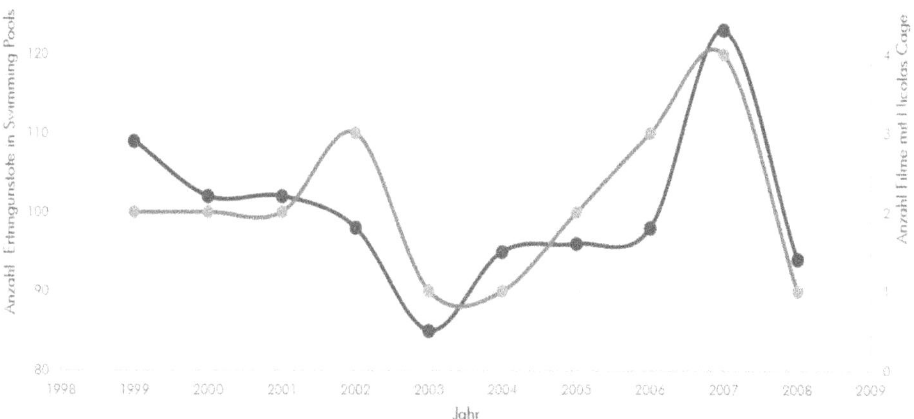

Hier ist der Zusammenhang dargestellt zwischen der Anzahl von Menschen pro Jahr, die ertrunken sind, weil sie in einen Pool fielen und der Anzahl Filmen mit Nicolas Cage, die im gleichen Jahr erschienen sind. Die Korrelation beträgt 0.67.

---

[2] aus „Korrelationskoeffizient". In: Wikipedia, Die freie Enzyklopädie. 12. September 2017

3. Nichtlineare Regression

Exponentielle Regressionskurve

Gegeben ist die Punktemenge $P = \{(x_i, y_i) \mid i \in \{1, ..., n\}\}$ durch welche eine Exponentialfunktion

$$f: \quad y = y_0 \cdot b^x$$

gelegt werden soll, die möglichst gut „passt".

Lösungsansatz: Nimmt man zur Darstellung eine ***logarithmische Skala auf der y-Achse***, so wird die Exponentialfunktion zur Geraden $Y = m \cdot x + q$.

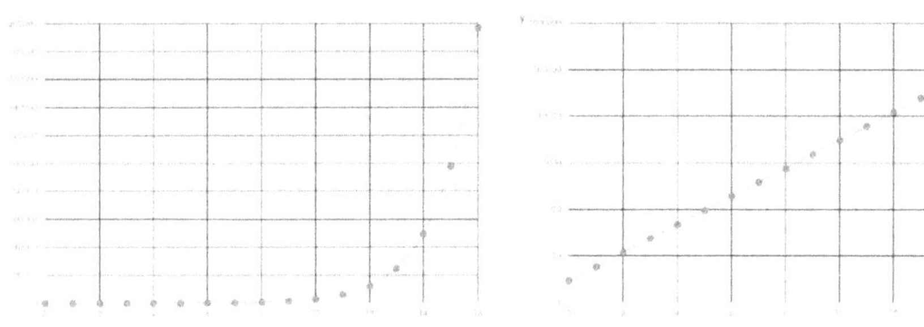

Denn:

$$y = y_0 \, b^x \qquad | \log$$

$$\log y = \log\left(y_0 \cdot b^x\right) = \underbrace{\log y_0}_{q} + x \underbrace{\log b}_{m}$$

$$\text{mit} \quad Y = \log y$$

Es wird für die Punktemenge $P' = \{(x_i, \log(y_i)) \mid i \in \{1, ..., n\}\}$ eine lineare Regression gerechnet, wobei die gesuchte Exponentialfunktion durch folgende Parameter bestimmt wird:

$$y_0 = 10^q \qquad\qquad b = 10^m$$

Aufgabe 7: Berechne die exponentielle Regression zur Punktemenge
$P = \{(1, 2), (2, 2), (3, 5), (4, 5), (5, 7), (6, 8), (8, 12), (10, 18)\}$.
  a) Du kannst die Aufgabe mit Excel lösen, jedoch ohne Verwendung der Funktionen für die Regressionen.
  b) Erstelle ein Diagramm mit den Punkten und setze eine „Trendlinie" des Typs exponentiell. Kontrolliere Dein Ergebnis von Teilaufgabe a.

Logarithmische Regressionskurve

Gegeben ist die Punktemenge $P = \{(x_i, y_i) \mid i \in \{1, ..., n\}\}$ durch welche eine Logarithmusfunktion

$$f: \quad y = a \cdot \log(x) + b$$

gelegt werden soll, die möglichst gut „passt".

Lösungsansatz: Nimmt man zur Darstellung eine ***logarithmische Skala auf der x-Achse***, so wird die Logarithmusfunktion zur Geraden $y = m \cdot X + q$.

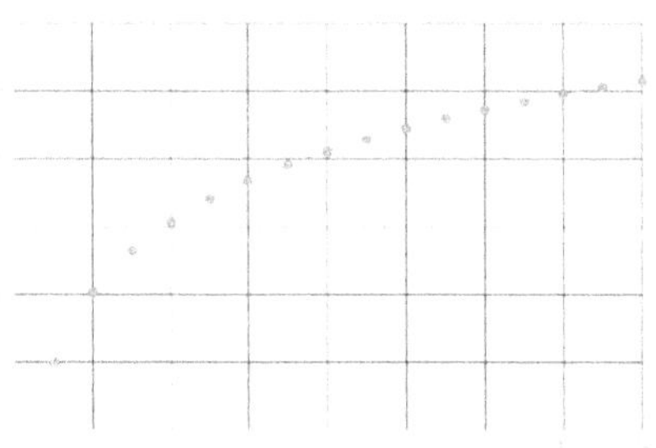 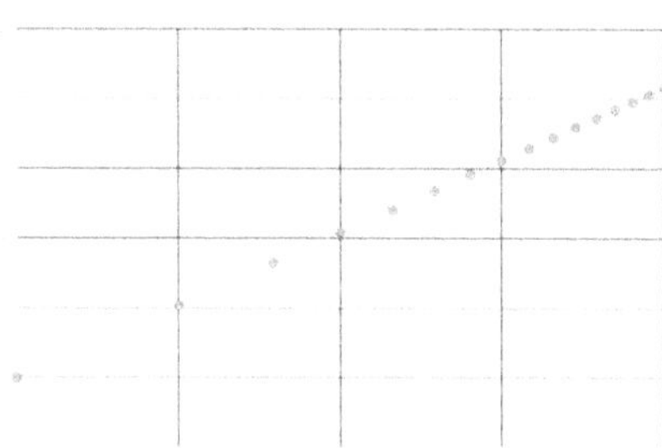

Denn:

$$y = \underset{m}{\underline{a}} \cdot \underset{X}{\underline{\log x}} + \underset{q}{\underline{b}}$$

$$\text{mit} \quad X = \log x$$

Es wird für die Punktemenge $P' = \{(\log(x_i), y_i) \mid i \in \{1, ..., n\}\}$ eine lineare Regression gerechnet, wobei die gesuchte Logarithmusfunktion durch folgende Parameter bestimmt wird:

$$a = m \qquad\qquad b = q$$

Aufgabe 8: Weise nach, dass die Funktion f linear wird, wenn auf der x-Achse eine logarithmische Skala angewandt wird. Bestimme die Parameter a und b als Funktion von m und q. Trage Deine Lösung oben in die dafür vorgesehenen Lücken ein.

Aufgabe 9: Berechne die logarithmische Regression zur Punktemenge
$P = \{(1, 2), (2, 2), (3, 5), (4, 5), (5, 7), (6, 8), (8, 12), (10, 18)\}$.
   a) Du kannst die Aufgabe mit Excel lösen, jedoch ohne Verwendung der Funktionen für die Regressionen.
   b) Erstelle ein Diagramm mit den Punkten und setze eine „Trendlinie" des Typs exponentiell. Kontrolliere Dein Ergebnis von Teilaufgabe a.

Potentielle Regressionskurve

Gegeben ist die Punktemenge $P = \left\{(x_i, y_i) \mid i \in \{1, ..., n\}\right\}$ durch welche eine Potenzfunktion

$$f: \quad y = a \cdot x^n$$

gelegt werden soll, die möglichst gut „passt".

Lösungsansatz: Nimmt man zur Darstellung eine **doppellogarithmische Skala**, d.h. eine logarithmische Skala auf beiden Achsen, so wird die Potenzfunktion zur Geraden $Y = m \cdot X + q$.

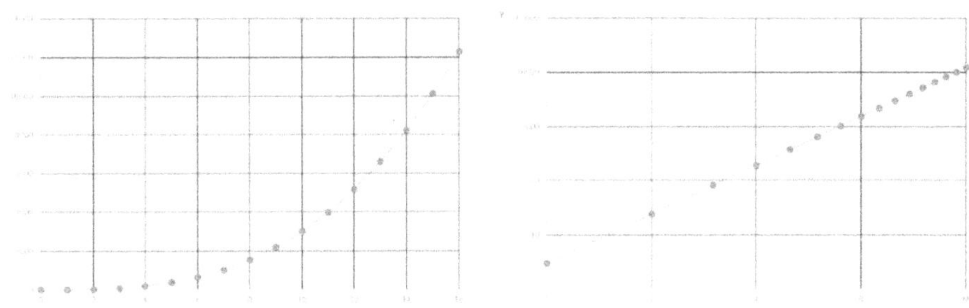

Denn:

$$y = a \cdot x^n \quad | \log$$

$$\log y = \log(a \cdot x^n) = \underbrace{\log a}_{q} + \underbrace{n}_{m} \cdot \underbrace{\log x}_{X}$$

$$\text{mit } X = \log x$$
$$Y = \log y$$

Es wird für die Punktemenge $P' = \left\{(\log(x_i), \log(y_i)) \mid i \in \{1, ..., n\}\right\}$ eine lineare Regression gerechnet, wobei die gesuchte Potenzfunktion durch folgende Parameter bestimmt wird:

$$a = 10^q \qquad n = m$$

Aufgabe 10: Weise nach, dass die Funktion f linear wird, wenn eine doppellogarithmische Skala angewandt wird. Bestimme die Parameter y_0 und τ als Funktion von m und q. Trage Deine Lösung oben in die dafür vorgesehenen Lücken ein.

Aufgabe 11: Berechne die potentielle Regression zur Punktemenge
$P = \{(1, 2), (2, 2), (3, 5), (4, 5), (5, 7), (6, 8), (8, 12), (10, 18)\}$.
   a) Du kannst die Aufgabe mit Excel lösen, jedoch ohne Verwendung der Funktionen für die Regressionen.
   b) Erstelle ein Diagramm mit den Punkten und setze eine „Trendlinie" des Typs exponentiell. Kontrolliere Dein Ergebnis von Teilaufgabe a.

4. Weitere Aufgaben

Aufgabe 12: Lineare Regression:

Von 4 Autos sind das Alter und die Bremswege bei Vollbremsung von 100 km/h zu Stillstand gemessen worden:

Alter [Jahren]	4	7	11	2
Bremsweg [m]	50	80	70	45

a) Berechne die Regressionsgerade.

b) Extrapoliere den erwarteten Bremsweg für ein 15 Jahre altes Fahrzeug.

c) Zeichne das Diagramm der Daten und zeichne die Regressionsgerade ein.

Aufgabe 13: Nicht lineare Regression:

Der Weltenergieverbrauch in Exajoule (10^{18} J) verändert sich wie folgt:

Jahr	Jahr ab 1900	Energieverbrauch [Exajoule EJ]
1900	0	15
1920	20	30
1940	40	50
1960	60	130
1972	72	230

a) Führe die exponentielle Regression mit der Funktion $y = y_0 \cdot b^x$ durch.

b) Wie hoch ist der prognostizierte Verbrauch im Jahr 2050?

Lösungen

1. $y = 1.7322 \cdot x - 1.0694$
   $r^2 = 0.9548$

2. –

3. $r = 0.98$

4. $-y = -0.7714x - 0.6286$
   $r = 0.8783, r^2 = 0.7714$

5. –

6. a) $r = 0.758483$
   (schwacher Zusammenhang. je grösser das Stadion, desto besser ist die Mannschaft)
   b) $r = -0.46507$
   (sehr schwacher Zusammenhang, je weniger Tore erzielt werden, desto mehr Gegentore werden kassiert)

7. $y = 1.7232 \cdot 1.2808^x = 1.7232 \cdot e^{0.2475 \cdot x}$
   $r^2 = 0.9327$

8. –

9. $y = 6.2161 \cdot \ln(x) - 1.1421$
   $r^2 = 0.7614$

10. –

11. $y = 1.4869 \cdot x^{0.9882}$
    $r^2 = 0.9207$

12. Lineare Regression
    a) $y(x) = 3.26087 \cdot x + 41.6848$
    b) $y(15) = 90.6 \ m$
    c) Und hier noch die Graphik:

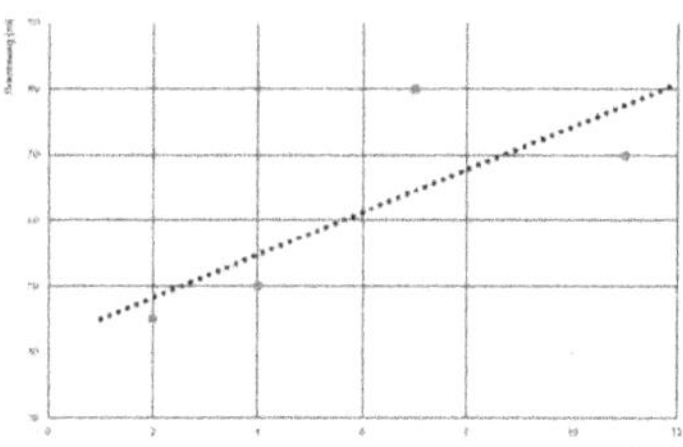

13. Nichtlineare Regression
    a) $y = 13.87 \cdot 1.0388^x = 13.87 \cdot e^{0.0374 \cdot x}$
    b) $y(2050) = 3782.5 \ EJ$
    c) Und hier noch die Graphik:

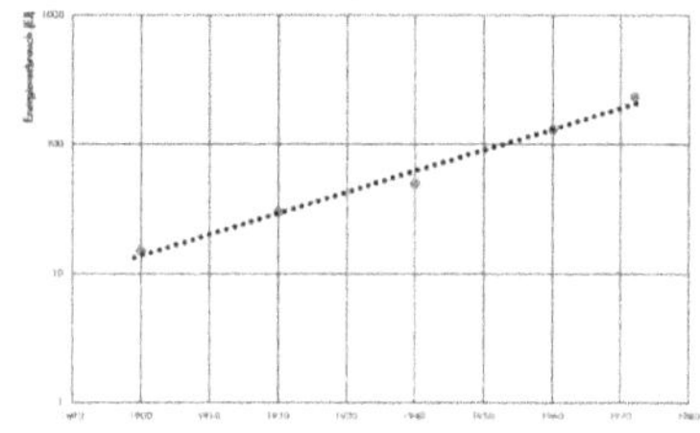

Stochastik
Wahrscheinlichkeit

Dies ist ein Detail, das auf dem letzten 10 DM Schein abgebildet war. Es stellt die wichtigste Wahrscheinlich-keitsverteilung überhaupt dar – die Normalverteilung. Diese Verteilung kommt in Natur- und Sozialwissenschaften wie auch in Technik, Psychologie und den Wirtschaftswissenschaften vor. Entdeckt wurde sie vom „Fürsten der Mathematik" Carl Friedrich Gauss. Darin kommt die Euler'sche Zahl und die Kreiszahl Pi vor. Euler ist wohl der grösste Mathematiker aller Zeiten. Im Hintergrund ist Göttingen mit der Universität an der Gauss arbeitete, abgebildet.

1. Zufallsexperimente

Die Wahrscheinlichkeitsrechnung studiert Phänomene, die durch Zufälligkeit oder Unsicherheit charakterisiert sind und beschreibt Experimente, die unter den gleichen Bedingungen unterschiedliche (zufällige) Resultate liefern.

Definition: Unter einem *Zufallsexperiment* verstehen wir einen beliebig oft **Wieder-holbaren** Prozess, der immer nach den **gleichen** Regeln ausgeführt wird und dessen Ergebnis (Ausgang) **nicht** vorhersehbar, also **zufällig** ist.

Beispiele sind **Würfeln**

Spielautomaten

Glücksrad

...

Definition: Ein einzelner Ausgang eines Zufallsexperiments heisst *Ergebnis ω* (oder Ausgang).

Werden einige Ergebnisse zu einer Menge zusammengefasst, so spricht man von einem

Ereignis E. Die Menge aller möglichen Ausgänge eines Versuchs wird als *Ergebnismenge Ω*

des Versuchs bezeichnet.

Beispiele: Wir werfen einmal einen Würfel:

Die Ergebnisse sind ⚀ ⚁ ⚂ ⚃ ⚄ ⚅

Die Ergebnismenge ist $\Omega = \{$ **1, 2, 3, 4, 5, 6** $\}$

Das Ereignis „es erscheint vier oder sechs" A ist $\{$ **4, 6** $\}$

Das Ereignis „es erscheint eine gerade Zahl" B ist $\{$ **2, 4, 6** $\}$

Das Ereignis „es erscheint keine Eins" C ist $\{$ **2, 3, 4, 5, 6** $\}$

Das Ereignis „es erscheint eine ungerade Zahl" D ist $\{$ **1, 3, 5** $\}$

und ist das **Gegenereignis** $\overline{C}$ des Ereignisses B.

Die Ereignisse A und D sind **unvereinbare** Ereignisse.

Das Ereignis, das bei keinem Versuch auftritt, heisst **unmögliches** Ereignis $\emptyset$

Das Ereignis, das bei jedem Versuch auftritt, heisst **sicheres** Ereignis Ω

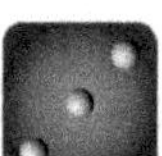

Aufgabe 1: Eine Münze und ein Würfel werden geworfen. Die Ergebnismenge besteht aus zwölf

Elementen Ω = {...}

Gib die folgenden Ereignisse an:

a) A = {Kopf und eine gerade Zahl erscheint} = {......................................}

b) B = {eine Primzahl erscheint auf dem Würfel} = {......................................}

c) C = {Zahl auf der Münze und eine ungerade Zahl erscheint} = {..............................}

d) A oder B tritt ein = {......................................}

e) B und C treten ein = {......................................}

f) nur B tritt ein, nicht jedoch A oder C = {......................................}

g) Welche der Ereignisse A, B und C sind unvereinbar?

Aufgabe 2: Eine Münze wird dreimal hintereinander
geworfen.

a) Gib die Ergebnismenge an.
b) Gib folgende Ereignisse an:
   A: es erscheint genau zweimal Kopf;
   B: es erscheint nie Kopf;
   C: entweder erscheint genau zweimal Kopf
        oder es erscheint genau zweimal Zahl.
c) Gib folgende Ereignisse an:
   i) $A \cup B$
   ii) $A \cap \overline{C}$
   iii) $\overline{(A \cup B)}$

★ *Aufgabe 3*: Eine Münze wird so lange geworfen, bis zum
   ersten Mal Kopf erscheint.
   Als Resultat (Ergebnis) notiert man sich dabei die Anzahl erreichter Würfe.
   a) Gib die Ergebnismenge an.
   b) Bestimme das Ereignis: „Es wird nicht mehr als fünfmal geworfen".
   c) Worin unterscheidet sich die Ergebnismenge dieses Versuches grundsätzlich von der
      Ergebnismenge des Versuches der vorherigen Aufgaben?

2. Wahrscheinlichkeit

Aufgabe 4: Wirf eine Münze 100-mal und bilde nach dem 5., 10., 20., 50., 100. Mal jeweils den Quotienten der Anzahl erschienen „Köpfe" geteilt durch die jeweilige Anzahl der Würfe.

Häufigkeiten

Werfen wir einen Würfel 100-mal und erscheint dabei genau 45-mal eine gerade Zahl, so ist

100 der Umfang der Stichprobe,

45 die absolute Häufigkeit und

$h = {}^{45}/_{100} = 45\,\%$ die relative Häufigkeit.

Führen wir ein Zufallsexperiment n-mal durch und tritt dabei das Ereignis E genau k-mal auf, so ist

n der Stichprobenumfang,

k die absolute Häufigkeit von E und

$h = {}^{k}/_{n}$ die *relative Häufigkeit* von E.

Für die relative Häufigkeit h gilt: $0 \leq h \leq 1$

Was geschieht, wenn die Anzahl Versuche sehr gross wird?

Einige Wissenschaftler haben dieses Verhalten für grosse Zahlen untersucht. Bei Buffon und Pearson finden wir diese Zahlen:

	Anzahl der Würfe n	Anzahl Kopf k	rel. Häufigkeit $^{k}/_{n}$
Buffon	4040	2048	0.5069
Pearson	12000	6019	0.5016
	24000	12012	0.5005

Mit einer Computersimulation mit Zufallszahlen (0 oder 1) finden wir folgendes Verhalten der relativen Häufigkeit der Zahl 0:

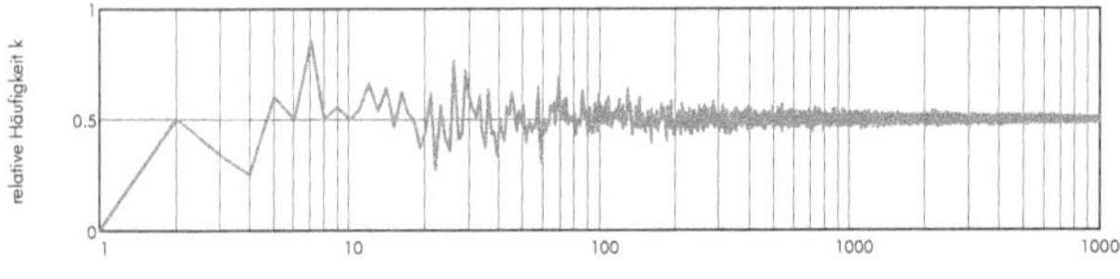

Wir vermuten, dass die relative Häufigkeit eines bestimmten Ereignisses bei oftmaliger Ausführung des Experimentes praktisch mit Gewissheit ungefähr gleich einer bestimmten Zahl ist.

Die Existenz dieser Zahl kann nicht bewiesen werden, sie wird einfach postuliert und heisst *Wahrscheinlichkeit des Ereignisses E*, bezeichnet mit P(E).

Die Aussage „E hat bei dem genannten Experiment die Wahrscheinlichkeit P(E)" bedeutet „Bei sehr oftmaliger Ausführung des Experimentes ist die relative Häufigkeit h(E) gleich P(E) ist."

Georges Louis Leclerc Comte de Buffon
*1707 bei Dijon, †1788 in Paris

Karl Pearson
*1857 London, †1936 Coldharbour

Wahrscheinlichkeit

Wie gross ist die Wahrscheinlichkeit, beim Würfeln eine Zahl grösser als 4 zu werfen?

Beim Werfen eines Würfels tritt bei jedem Versuch eine der Augenzahlen auf:
{⚀⚁⚂⚃⚄⚅}

Zahlen grösser als 4: {⚄⚅}

Es handelt sich einen **regulären Würfel**, d.h. dass keine der sechs Augenzahlen bevorzugt ist. Dann kommt jede der Augenzahlen mit der gleichen Wahrscheinlichkeit vor.

Wahrscheinlichkeit für eine Zahl grösser 4:
$$P(E) = \frac{|\{⚄⚅\}|}{|\{⚀⚁⚂⚃⚄⚅\}|} = \frac{2}{6} = \frac{1}{3}$$

Wie berechnen wir die Wahrscheinlichkeit eines Ereignisses ohne Experiment?

Ergebnismenge:

$$\Omega = \{\,1, 2, 3, 4, 5, 6 \dots \}$$

Ereignis E $= \{\,5, 6 \dots\dots\}$

Haben alle Ergebnisse eines Zufallsexperiments die gleiche Wahrscheinlichkeit, so nennt man dieses Zufallsexperiment *Laplace-Experiment*.

Wahrscheinlichkeit des Ereignis E:
$$P(E) = \frac{|E|}{|\Omega|} = \frac{2}{6} = \frac{1}{3}$$

Definition: Werden alle Ergebnisse eines Zufallsexperimentes mit gleicher Wahrscheinlichkeit angenommen, so nennt man das Zufallsexperiment *Laplace-Experiment*.

Handelt es sich bei einem Zufallsexperiment um ein Laplace-Experiment, so gilt für die *Wahrscheinlichkeit* eines Ereignisses E:
$$P(E) = \frac{\text{Anzahl günstige Ergebnisse}}{\text{Anzahl mögliche Ergebnisse}} = \frac{|E|}{|\Omega|}$$

Notation: Wir schreiben Wahrscheinlichkeiten als
gemeine Brüche P(E) = ¼
Dezimalbrüche P(E) = 0.25
Prozentzahlen P(E) = 25 %

Aufgabe 5: Gib bei beiden Glücksrädern die Wahrscheinlichkeiten für die Ereignisse 1, 2, und 3 an. Welches der beiden Räder ist ein Laplace-Rad?

Pierre-Simon (Marquis de) Laplace
Mathematiker und Astronom
*1749 in der Normandie, †1827 in Paris

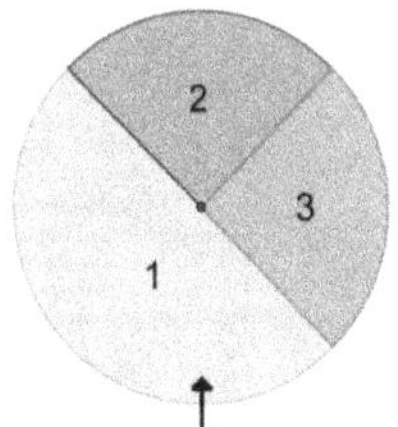

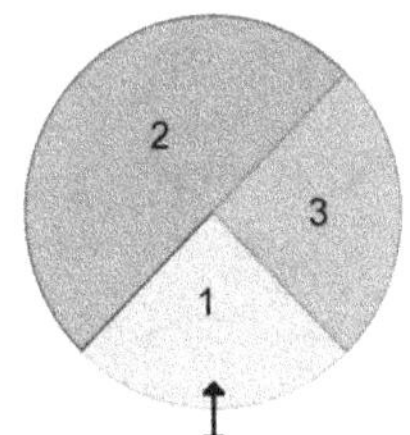

Ist dies ein Laplace-Würfel?

Aufgabe 6: Ein schwarzer und ein roter Tetraeder-Würfel zeigen je die Augenzahlen
1, 2, 3, 4.

a) Stelle die möglichen Ergebnisse in einer Tabelle zusammen.

Berechne die Wahrscheinlichkeit für folgende Doppelwürfe:

b) genau ein Würfel liegt auf einer geraden Zahl,

c) mindestens ein Würfel liegt auf einer geraden Zahl,

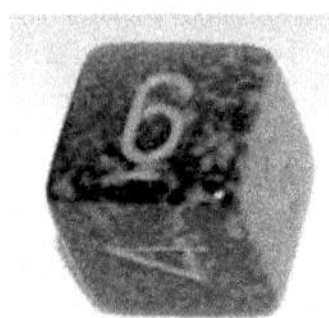

d) höchstens ein Würfel liegt auf einer geraden Zahl,

e) kein Würfel liegt auf einer geraden Zahl,

f) die Summe der Augenzahlen ist ≤ 8,

g) das Produkt der Augenzahlen ist > 20.

Aufgabe 7: In einer Urne befinden sich 6 rote, 6 blaue, 6 gelbe, je von 1 bis 6
nummerierte Kugeln. Es wird eine Kugel gezogen. Berechne die Wahrscheinlichkeiten für diese Ziehungen:

a) eine rote Kugel,

b) eine Kugel mit gerader Nummer,

c) die Kugel ist rot oder gelb,

d) die Kugel zeigt keine 5,

e) die Kugel ist rot und ihre Nummer ist durch 3 teilbar,

f) die Kugel ist rot oder ihre Nummer ist durch 3 teilbar,

g) die Kugel ist nicht rot oder ihre Nummer ist gerade.

Aufgabe 8: Eine Schule hat 500 Schülerinnen und Schüler, die alle auf Farben-
blindheit untersucht wurden. Hier die Resultate:

	Knaben	Mädchen
farbenblind	19	3
nicht farbenblind	221	257

a) Wie viel Prozent der Schülerinnen und Schüler sind Mädchen?

b) Wie gross ist die Wahrscheinlichkeit, dass eine Schülerin oder ein Schüler
der Schule farbenblind ist?

c) Wie viel Prozent der Farbenblinden sind Mädchen?

d) Wie gross ist die Wahrscheinlichkeit, dass der Schüler Peter farbenblind ist?

Aufgabe 9: An einer Prüfung wurden in Französisch folgende Noten erzielt:

	Mädchen	Knaben
ungenügend	25	30
genügend	85	60

a) Wie gross ist die Wahrscheinlichkeit, eine ungenügende Note zu haben?

b) Wie gross ist die Wahrscheinlichkeit, dass Anna eine ungenügende Note hat?

c) Wie gross ist die Wahrscheinlichkeit, dass die erste Eintragung auf der Notenliste ein
Knabe ist?

d) Wie gross ist die Wahrscheinlichkeit, dass eine ungenügende Note von einem Knaben stammt?

Aufgabe 10: Es werden eine Münze und anschliessend ein Würfel geworfen. Wie gross ist die Wahrscheinlichkeit, dass

a) Kopf erscheint,

b) Kopf und die Zahl 3 erscheinen,

c) Zahl und eine Zahl grösser als 4 geworfen wird,

d) 5 oder eine gerade Zahl auf dem Würfel erscheint,

e) (Kopf, 2) oder (Zahl, 5) erscheint,

f) Kopf oder eine gerade Zahl erscheint,

g) keine 3 auf dem Würfel erscheint,

h) Kopf oder Zahl erscheint,

i) eine Primzahl auf dem Würfel erscheint,

k) es sich um eine Primzahl handelt, wenn mit dem Würfel eine ungerade Zahl geworfen wird,

l) eine negative Zahl auf dem Würfel erscheint.

Aufgabe 11: Wie gross ist die Wahrscheinlichkeit, beim Herausziehen von zwei Karten aus einem Spiel von 36 Jasskarten die folgenden Ergebnisse zu ziehen? Die Karten werden hintereinander gezogen und nach dem Ziehen jeweils wieder zurückgelegt.

a) zwei schwarze Karten

b) mindestens eine rote Karte

c) zwei Herzkarten

d) mindestens eine Herzkarte

Aufgabe 12: Beim Jassen ist es jedoch üblich, dass die Karten nicht zurückgelegt werden. Welche Wahrscheinlichkeiten ergeben sich in diesem Fall für die Ereignisse in der Aufgabe 11?

Aufgabe 13: Wie gross ist die Wahrscheinlichkeit, aus einer Urne, die 4 schwarze, 6 weisse und 2 rote Kugeln enthält, bei gleichzeitigem Ziehen von drei Kugeln

a) nur gleichfarbige Kugeln zu ziehen?

b) genau zwei gleichfarbige Kugeln zu ziehen?

Aufgabe 14: Von 15 Autofahrern haben 5 ihre Einkäufe an der Grenze nicht deklariert. Sechs von diesen 15 Autofahrern werden von den Zöllnern zufällig ausgewählt und überprüft.

a) Wie gross ist die Wahrscheinlichkeit, dass genau zwei davon nicht deklarierte Waren mitführen?

b) Wie gross ist die Wahrscheinlichkeit, dass genau 0, 1, 2, 3, 4, 5 Autofahrer in der zufälligen Stichprobe nicht deklarierte Waren mitführen?

Aufgabe 15: In einer Sendung von 50 Glühbirnen sind 5 defekt. Man greift miteinander 3 Glühbirnen aus der Sendung heraus. Mit welcher Wahrscheinlichkeit befinden sich 0, 1, 2, 3 defekte Glühbirnen darunter?

Aufgabe 16: Du bist bei einer Familie mit zwei Kindern zu Besuch. Nun betritt eines der beiden Kinder den Raum. Es ist ein Mädchen.

a) Wie gross ist die Wahrscheinlichkeit, dass das zweite auch ein Mädchen ist?

b) Wie gross ist die Wahrscheinlichkeit, dass das zweite auch ein Mädchen ist, wenn Du zusätzlich weisst, dass das ältere Kind den Raum betreten hat?

Eigenschaften der Wahrscheinlichkeit

Für die Wahrscheinlichkeit gelten die Axiome von Kolmogorov[1]:

- Die Wahrscheinlichkeit ist eine reelle Zahl zwischen 0 und 1, also $0 \leq P(E) \leq 1$.

  Es wird eine Münze und anschliessend ein Würfel geworfen.

- Die Wahrscheinlichkeit des
  sicheren Ereignisses ist 1: $P(\Omega) = 1$
  unmöglichen Ereignisses ist 0: $P(\emptyset) = 0$

  Die Wahrscheinlichkeit, dass
  Kopf oder Zahl erscheint ist 1.
  eine Zahl grösser als 6 auf dem Würfel erscheint.

- Die Wahrscheinlichkeit des Eintretens von *einem von zwei unvereinbaren Ereignissen* ist die Summe der Wahrscheinlichkeiten der einzelnen Ereignisse. $P(A \cup B) = P(A) + P(B)$

  Die Wahrscheinlichkeit, dass 5 *oder* eine gerade Zahl auf dem Würfel erscheint. (Gegenbeispiel: „4 oder eine gerade Zahl" ist nicht unvereinbar.)

Daraus folgen unter anderem diese Regeln:

- Die Wahrscheinlichkeit des Eintretens von *beiden von zwei unabhängigen Ereignissen* ist das Produkt der Wahrscheinlichkeiten der einzelnen Ereignisse. $P(A \cap B) = P(A) \cdot P(B)$

  Die Wahrscheinlichkeit, dass Kopf *und* die Zahl 3 erscheinen. (Die Ergebnisse der beiden Wurfobjekte sind unabhängig voneinander).

- Das *Gegenereignis* $\overline{E}$ des Ereignisses E hat die Wahrscheinlichkeit $P(\overline{E}) = 1 - P(E)$

  Die Wahrscheinlichkeit, dass *keine* 3 auf dem Würfel erscheint.

- Wird die Wahrscheinlichkeit eines Ereignisses unter einer bestimmten Bedingung gesucht, so schränkt dies sowohl die Anzahl möglicher wie auch die Anzahl günstiger Ereignisse ein *(bedingte Wahrscheinlichkeit)*.

  Die Wahrscheinlichkeit, dass es sich um eine Primzahl handelt, *wenn* mit dem Würfel eine ungerade Zahl geworfen wird. (Primzahl unter der Bedingung, dass die Zahl ungerade ist.

---

[1] Andrey N. Kolmogorov (*1903 in Tambow, †1987 in Moskau) hat die Wahrscheinlichkeitsrechnung axiomatisiert.

3. Mehrstufige Zufallsexperimente

Bei einem gezinkten Würfel erscheint die 1 und die 6 je mit einer Wahrscheinlichkeit von 0.1, während die anderen Augenzahlen jeweils mit einer Wahrscheinlichkeit von 0.2 fallen. Weiter sei eine Münze gegeben, bei der der Kopf mit einer Wahrscheinlichkeit von 0.4 und Zahl mit einer Wahrscheinlichkeit von 0.6 erscheine. Es wird nun der Würfel und danach die Münze geworfen und dann notiert, welche Zahl bzw. welche Seite gefallen ist.

Mit welcher Wahrscheinlichkeit tritt das Ergebnis (3, Zahl) ein? Die Zahl 3 erscheint mit der Wahrscheinlichkeit 0.2 und Zahl erscheine mit einer Wahrscheinlichkeit von 0.6. Die beiden Experimente sind voneinander unabhängig und die Wahrscheinlichkeiten können also multipliziert werden: P(3, Zahl) = 0.2 · 0.6 = 0.12 = 12 %.

Ein Baumdiagramm hilft, mehrstufige Wahrscheinlichkeitsexperimente zu beschreiben. Finde das Ergebnis (3, Zahl) in dem nebenstehenden Diagramm.

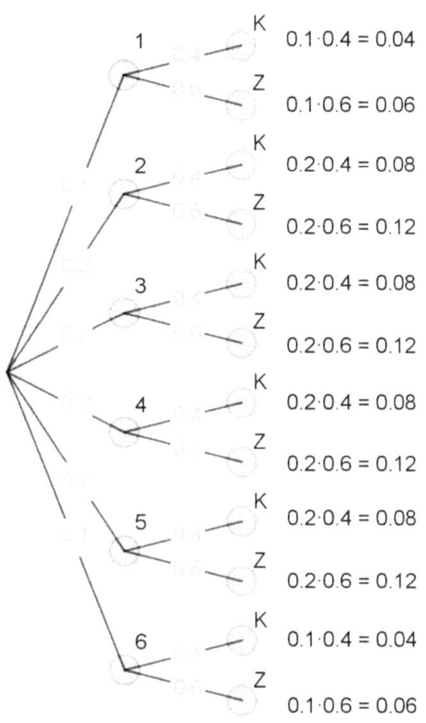

Pfadregeln

- Jeder Pfad stellt ein *Ergebnis* des Zufallsexperimentes dar.

- Die Wahrscheinlichkeit eines Pfades ist gleich dem *Produkt* der Wahrscheinlichkeiten auf den Teilstrecken des Pfades.

- Die Wahrscheinlichkeit eines Ereignisses ist gleich der *Summe* der Wahrscheinlichkeiten der zugehörigen Ergebnisse.

Verwende beim Lösen folgender Übungen jeweils ein Baumdiagramm:

Aufgabe 17: Aus einem Kartenspiel, bestehend aus 36 Karten, wird eine Karte gezogen und wieder zurückgelegt. Dann wird eine zweite Karte gezogen. Wie gross ist die Wahrscheinlichkeit, dass die erste Karte eine Herzkarte und die zweite Karte ein König gewesen ist

Aufgabe 18: Die Beliebtheit einer Fernsehsendung soll untersucht werden. Eine Blitzumfrage kam zu folgendem Ergebnis: Von den Zuschauern, die die Sendung gesehen haben, waren 40 % jünger als 25 Jahre. Von diesen habrn 30 % und von den restlichen 70 % eine positive Meinung zu der Sendung. Wie viel Prozent der Zuschauer, welche die Sendung gesehen haben, äusserten sich positiv zu ihr?

Aufgabe 19: Eine Urne ist durch eine Trennwand in zwei Abteilungen getrennt. In der einen Abteilung befinden sich 4 rote und 6 schwarze Kugeln, in der zweiten Abteilung befinden sich 3 rote und 7 schwarze Kugeln. Man wählt zufällig eine der beiden Abteilungen aus und entnimmt ihr mit einem Griff 3 Kugeln. Wie gross ist die Wahrscheinlichkeit, dass die drei Kugeln alle schwarz sind?

Aufgabe 20: Ein Botaniker studiert Vererbungserscheinungen, die bei gewissen Experimenten in 10 % auftreten. Wie viele Fälle sollte er in seinen Versuchen mindestens beobachten, um mit wenigstens 99 % Wahrscheinlichkeit mindestens einmal auf die zu studierende Eigenschaft zu stossen?

Aufgabe 21: Zwei Personen A und B werfen abwechslungsweise einen Würfel. Diejenige Person, die zuerst eine 6 würfelt, gewinnt das Spiel. Wie gross ist die Wahrscheinlichkeit, dass A gewinnt, wenn A mit Würfeln beginnt? (Du brauchst für die Berechnung der Wahrscheinlichkeit Gesetze, die Du von den Folgen und Reihen her kennst.)

Aufgabe 22: Acht einander fremde Personen besteigen im Erdgeschoss den Aufzug eines zwölfstöckigen Hauses (das Erdgeschoss ist bei den zwölf Stöcken nicht mitgezählt). Mit welcher Wahrscheinlichkeit steigt jeder der 8 Fahrgäste in einem anderen Stockwerk aus, wenn alle Stockwerke die gleiche „Aussteigewahrscheinlichkeit" haben?

Das Monty Hall[2] Problem

Aufgabe 23: Bei einer Spielshow soll ein Kandidat eines von drei aufgebauten Toren auswählen. Hinter einem verbirgt sich der Gewinn, ein Auto, hinter den anderen beiden jeweils eine Ziege, also Nieten. Folgendes ist dem Kandidaten vorab bekannt:

Der Kandidat wählt ein Tor aus, welches aber vorerst verschlossen bleibt.

Daraufhin öffnet der Moderator, der die Position des Gewinns kennt, eines der beiden nicht vom Kandidaten ausgewählten Tore, hinter dem sich eine Ziege befindet.

Der Moderator bietet dem Kandidaten an, seine Entscheidung zu überdenken und das andere Tor zu wählen. Soll der Kandidat seine Wahl überdenken, also das Tor wechseln, oder nicht? Er möchte seine Gewinnchancen natürlich möglichst gross machen.

---

2 Nach dem Moderator der amerikanischen Spielshow Let's make a deal, Monty Hall

4. Bedingte Wahrscheinlichkeit

Ein Hobbygärtner steckt 100 Tulpenzwiebeln in den Boden. Nach einiger Zeit sind daraus 87 Tulpen entstanden. Das Ereignis A „Aus der Zwiebel entsteht eine Tulpe" tritt mit der Wahrscheinlichkeit P(A) auf:

$$P(A) = \frac{87}{100} = 87\%$$

Der Hobbygärtner hatte nicht alle 100 Zwiebeln beim selben Händler gekauft; 60 Zwiebeln stammten von einem Grossversand aus Holland, die restlichen 40 Zwiebeln waren ein Sonderangebot aus einem Gartencenter. Das Ereignis B „Zwiebel kommt aus Holland" tritt mit der Wahrscheinlichkeit P(B) auf:

$$P(B) = \frac{60}{100} = 60\%$$

Bei genauerer Untersuchung stellte der Gärtner fest, dass von den 13 Zwiebeln, die keine Tulpen hervorbrachten, nur 3 aus Holland kamen und die restlichen Zwiebeln aus dem Gartencenter stammten.

Nun können wir uns fragen, mit welcher Wahrscheinlichkeit eine Zwiebel eine Tulpe hervorbringt, unter der Bedingung, dass die Zwiebel aus Holland stammt – die Wahrscheinlichkeit also, dass A unter der Bedingung B eintritt:

$$P(A \mid B) = \frac{57}{60} = 95\%$$

P(A | B) ist die bedingte Wahrscheinlichkeit des Eintretens von A unter der Voraussetzung, dass B eingetreten ist. Die Wahrscheinlichkeit P(A) = 0.87 = 87 % ist also eigentlich die unbedingte Wahrscheinlichkeit für das Entstehen einer Tulpe.

Diese bedingte Wahrscheinlichkeit P(A | B) darf nicht verwechselt werden mit der Wahrscheinlichkeit, aus einer Kiste mit 100 Zwiebeln eine gute, aus Holland kommende Zwiebel zu ziehen. Diese Wahrscheinlichkeit ist

$$P(A \cap B) = \frac{57}{100} = 57\%$$

Die Situation kann in einer *Tabelle*,

	Holland B	Gartencenter $\bar{B}$	
Tulpe A	57	30	87
keine Tulpe $\bar{A}$	3	10	13
	60	40	100

in einem *Mengen-Diagramm* oder einem *Baumdiagramm* dargestellt werden.

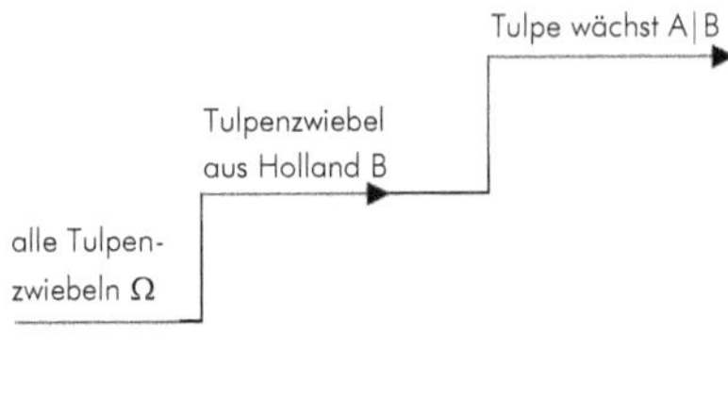

Definition: Die Wahrscheinlichkeit des Eintretens des Ereignisses A unter der Voraussetzung, dass das Ereignis B eingetreten ist, heisst **bedingte Wahrscheinlichkeit**

$$P(A \mid B) = \frac{P(A \cap B)}{P(B)}$$

Dies ist die relative Wahrscheinlichkeit von A bezüglich dem reduzierten Stichprobenraumes B.

Definition: Ein Ereignis A heisst **unabhängig** von einem Ereignis B, wenn das Eintreten von B die Wahrscheinlichkeit für das Eintreten von A nicht beeinflusst, d.h. wenn die Wahrscheinlichkeit von A gleich der bedingten Wahrscheinlichkeit von A unter der Bedingung B ist: $P(A) = (A \mid B)$
Zwei Ereignisse sind unabhängig, falls $P(A \cap B) = P(A) \cdot P(B)$, sonst heissen sie abhängig.

Aufgabe 24: A und B seien die Ereignisse aus dem Einführungsbeispiel. Begründe Deine Antworten mit dem Mengen-Diagramm.

a) Zeige: $P(A) = P(A \cap B) + P(A \cap \overline{B})$

b) Berechne: $P(\overline{B} \mid A)$

c) Interpretiere und berechne: $P(\overline{A} \mid B)$, $P(A \mid \overline{B})$, $P(\overline{A} \mid \overline{B})$, $P(B \mid A)$, $P(B \mid \overline{A})$, $P(\overline{B} \mid \overline{A})$

d) Zeige: $P(A) \cdot P(B \mid A) = P(B) \cdot P(A \mid B)$

e) Ist die Aussage $P(A \mid B) = 1 - P(\overline{A} \mid B)$ richtig?

Aufgabe 25: Die Tabelle zeigt die Einteilung des Kollegiums eines Gymnasiums nach Geschlecht und nach ihren Rauchgewohnheiten.

Berechne $P(A \mid B)$, $P(A \mid \overline{B})$, $P(\overline{A} \mid \overline{B})$, $P(B \mid A)$, $P(\overline{B} \mid \overline{A})$

	Frauen B	Männer $\overline{B}$
RaucherInnen A	7	8
Nichtraucher $\overline{A}$	24	26

Aufgabe 26: Es seien A und B zwei Ereignisse. Gib die Wahrscheinlichkeit $P(A \mid B)$ an, falls

a) $A \cap B = \{\ \}$ b) $B \subset A$

Aufgabe 27: Drei Münzen werden hintereinander geworfen. Wie gross ist die Wahrscheinlichkeit, dass sie alle „Kopf" zeigen, wenn dies bei

a) der ersten Münze der Fall ist?   b) mindestens einer der drei Münzen der Fall ist?

Aufgabe 28: In der ersten Vorprüfung im Medizinstudium sind Kandidaten genau in einem Fach durchgefallen: 25 % in Physik und 15 % in Chemie. Zusätzlich sind 10 % in beiden Fächern durchgefallen. Wie gross ist die Wahrscheinlichkeit, dass ein zufällig ausgewählter Kandidat

a) in Physik durchfiel, wenn man weiss, dass er in Chemie nicht bestanden hat?

b) in Chemie durchfiel, wenn man weiss, dass er in Physik nicht bestanden hat?

c) in Physik oder Chemie durchfiel?

Aufgabe 29: Angenommen, es existierte ein äusserst zuverlässiger Test zur Krebsdiagnose. Wenn eine Person tatsächlich an Krebs erkrankt ist, zeigt der Test mit einer Genauigkeit von 96 % ein positives Ergebnis. Wenn die Person hingegen nicht an Krebs leidet, zeigt der Test mit einer Zuverlässigkeit von 94 % ein negatives Ergebnis. Eine Person unterzieht sich diesem Test, und in ihrer Altersgruppe sind 0.7 % der Personen betroffen.

a) Wenn der Test positiv ausfällt, wie hoch ist die Wahrscheinlichkeit, dass die Person tatsächlich an Krebs erkrankt ist?

b) Wenn der Test negativ ausfällt, wie hoch ist die Wahrscheinlichkeit, dass die Person dennoch an Krebs leidet?

Aufgabe 30: 50 % aller Teilnehmerinnen einer Konferenz sind Amerikanerinnen. Von diesen trinkt jede 8. Orangensaft zum Frühstück, während unter den Nichtamerikanerinnen nur jede 80. diese Gewohnheit hat. Wenn nun eine Teilnehmerin beim Frühstück Orangensaft trinkt, wie hoch ist die Wahrscheinlichkeit, dass es sich um einen Amerikanerin handelt?

Aufgabe 31: In der Urne A sind drei rote und fünf weisse Kugeln, in der Urne B sind zwei rote und zwei weisse Kugeln, in der Urne C sind zwei rote und drei weisse Kugeln. Aus einer zufällig ausgewählten Urne wird eine Kugel gezogen, die sich als rot erweist. Wie gross ist die Wahrscheinlichkeit, dass sie aus der Urne A stammt?

Aufgabe 32: Bei der mündlichen Maturprüfung waren von den 19 Schülerinnen einer Klasse 5 ausgezeichnet, 7 gut, 4 mittelmässig und der Rest schlecht vorbereitet. Eine ausgezeichnet vorbereitete Schülerin beherrscht alle 21, ein gut vorbereiteter 16, ein mittelmässig vorbereiteter 10 und ein schlecht vorbereiteter nur 5 Themen. Eine zufällig ausgewählte Schülerin zeigt, dass sie beide Themen, die in der mündlichen Prüfung abgefragt werden, beherrscht, und sie bekommt dafür eine 6. Wie gross ist die Wahrscheinlichkeit, dass sie

a) ausgezeichnet vorbereitet war?   b) schlecht vorbereitet war?

Aufgabe 33: Zur Untersuchung, ob die vier Blutgruppen 0, A, B, AB vom Geschlecht abhängen, sind die für Mitteleuropa gültigen Daten in der Tabelle erhoben worden. Kann man daraus schliessen, dass die Verteilung der Blutgruppen vom Geschlecht unabhängig sind?

	0	A	B	AB
weiblich	817	723	176	92
männlich	862	765	191	106

5. Zufallsvariablen und ihre Wahrscheinlichkeitsverteilungen

Wir betrachten ein Spiel, bei dem drei Münzen geworfen werden. Ein typisches Ergebnis ist:

Gewonnen hat, wer mehr Köpfe wirft. Wir zählen also die Köpfe und berechnen anschliessend die Wahrscheinlichkeit für diese Ereignisse.

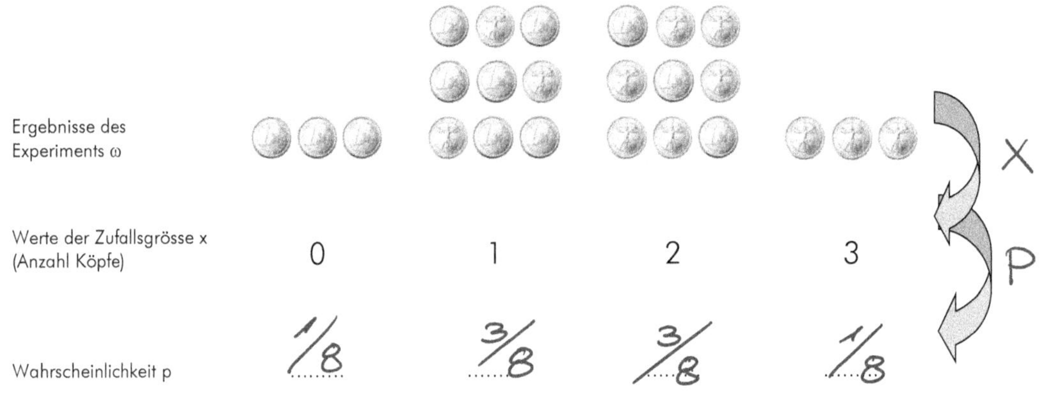

Wir weisen also jedem Ergebnis genau eine Zahl zu. Jeder Zahl wiederum weisen wir genau eine Wahrscheinlichkeit zu.

Definition: Eine Zuordnung, die jedem Ergebnis ω eines Zufallsexperiments genau eine Zahl x zuordnet, heisst **Zufallsvariable X (oder Zufallsgrösse)**.

Definition: Eine Zuordnung, die jedem Wert x einer Zufallsgrösse genau eine Wahrscheinlichkeit p zuordnet, heisst **Wahrscheinlichkeitsverteilung P**.

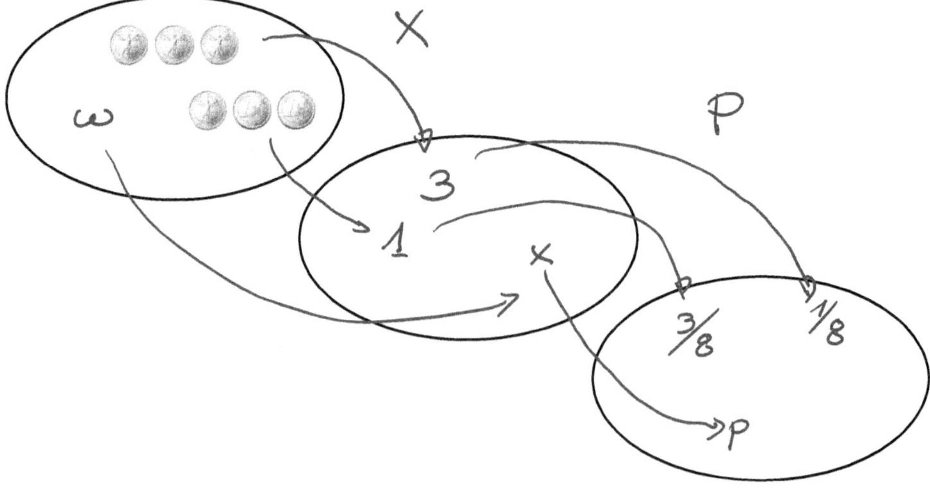

Wahrscheinlichkeitsverteilungen werden mit Tabellen und mit Stabdiagrammen oder Histogrammen dargestellt. Das obige Beispiel sieht so aus:

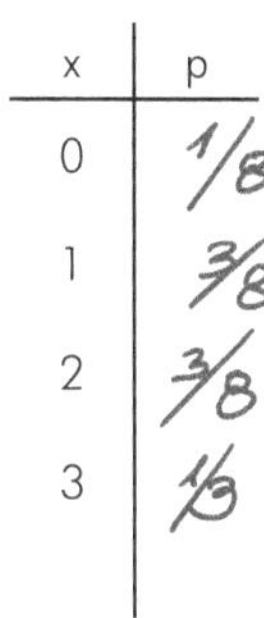

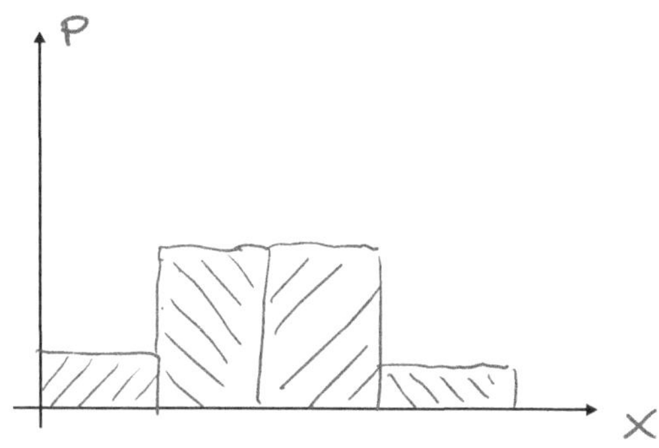

Aufgabe 34: Es werden zwei Würfel geworfen und die Augensumme x bestimmt. Die dazugehörige Wahrscheinlichkeitsverteilung ist in den Figuren abgebildet. Berechne diese Verteilung.

a) Wie gross ist die Wahrscheinlichkeit, dass die Augensumme 5 beträgt? Zeichne dies im Diagramm durch Schraffieren des entsprechenden oder der entsprechenden Balken ein.

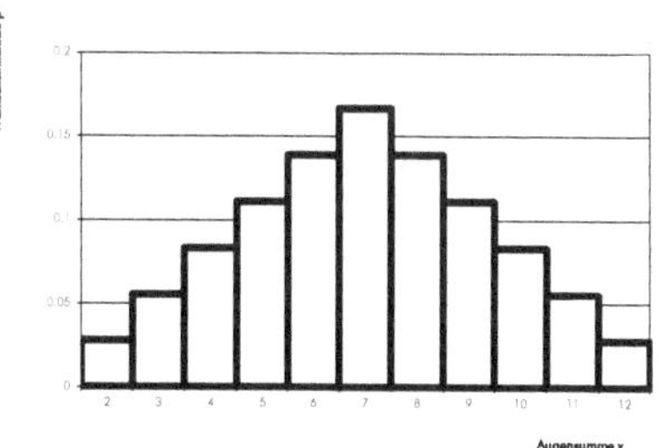

b) Wie gross ist die Wahrscheinlichkeit, dass die Augensumme kleiner gleich 9 ist? Zeichne auch dies im Diagramm ein.

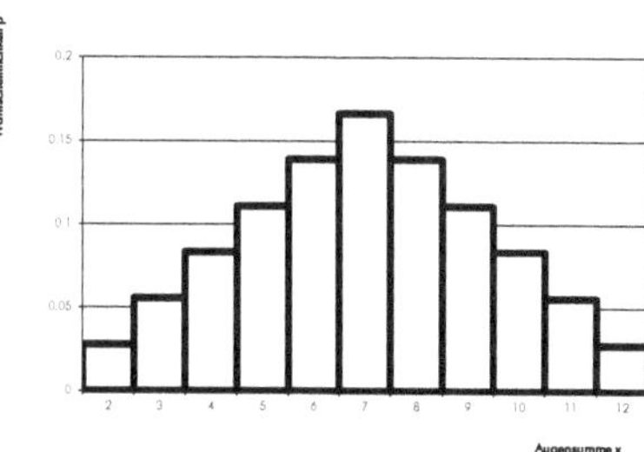

c) Wie gross ist die Wahrscheinlichkeit, dass für die Augensumme gilt: $2 \leq x \leq 12$? Zeichne auch dies im Diagramm ein.

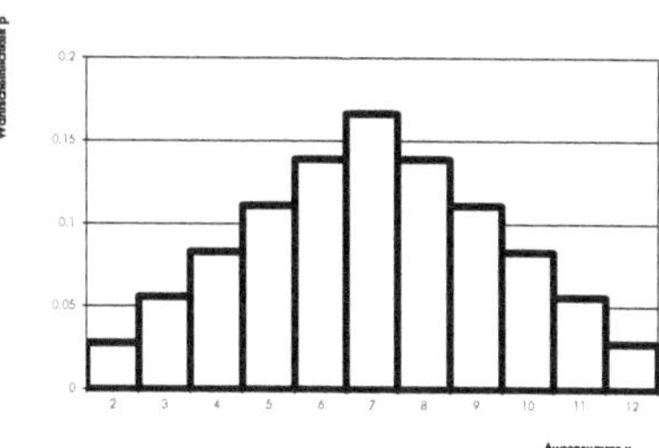

Aufgabe 35: Du hast bei den Aufgaben 14 und 15 bereits zwei Wahrscheinlichkeitsverteilungen kennengelernt.

a) Überlege Dir bei diesen beiden Aufgaben, welche Zuordnung die Zufallsgrösse ist.

b) Welche Werte kann die Zufallsgrösse in diesen beiden Beispielen annehmen?

c) Die Wahrscheinlichkeitsverteilung zur Aufgabe 14 ist in den Resultaten im Detail aufgeführt, als Tabelle zusammengefasst und graphisch dargestellt. Schaue Dir dieses Resultat noch einmal an.

Aufgabe 36: Drei Kugeln werden mit Zurücklegen aus einer Urne gezogen, die 4 rote und 6 weisse Kugeln enthält. Die Zufallsgrösse X gibt die Anzahl der gezogenen roten Kugeln an.

a) Stelle eine Tabelle auf, die die Wahrscheinlichkeitsverteilung von X zeigt.

b) Stelle die Verteilung graphisch dar.

c) Bestimme $P(x = 2)$ und $P(1 \leq x \leq 3)$.

Aufgabe 37: Löse die vorhergehende Aufgabe für den Fall, dass die Kugeln nicht zurückgelegt werden.

Aufgabe 38: In einer Urne befinden sich vier Zettel mit den Nummern 0, 1, 2, 3. Man zieht eine Nummer, legt sie wieder zurück und zieht eine zweite Nummer.

a) Die Zufallsgrösse M ist das Maximum der zwei gezogenen Nummern (also die grösste der beiden Zahlen). Bestimme die Wahrscheinlichkeitsverteilung dieser Zufallsgrösse.

b) Die Zufallsgrösse S ist die Summe der zwei gezogenen Nummern. Bestimme die Wahrscheinlichkeitsverteilung auch dieser Zufallsgrösse.

Aufgabe 39: Bei einer verbogenen Münze erscheint Zahl mit einer Wahrscheinlichkeit von $^2/_3$. Die Münze wird dreimal hintereinander geworfen. Es sei X die Zufallsvariable, die jedem Ergebnis die grösste aufeinanderfolgende Anzahl „Zahl" zuordnet. Bestimme die Wahrscheinlichkeitsverteilung $P(x)$.

Aufgabe 40: Eine Urne enthält eine schwarze, eine weisse, eine blaue und eine rote Kugel. Es wird eine Kugel nach der andern ohne Zurücklegen gezogen, bis die rote Kugel erscheint. X sei Zufallsvariable für die Anzahl der dazu benötigten Züge. Bestimme die Wahrscheinlichkeitsverteilung von X.

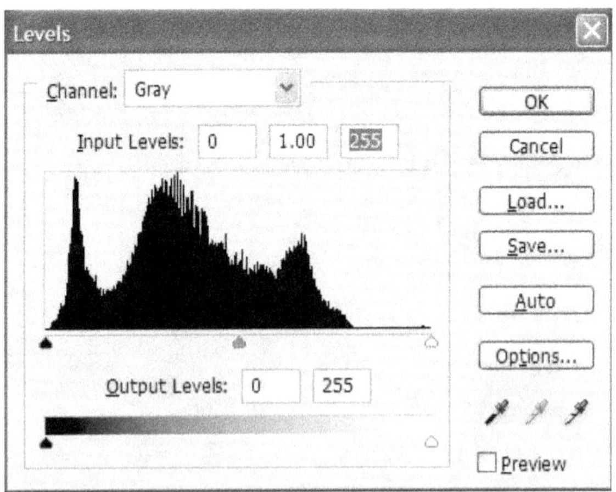

6. Erwartungswert und Varianz

Erwartungswert

Wir machen wiederum ein einfaches Experiment:

- Wir beschriften vier Zettel mit der Zahl 1, drei mit der Zahl 2, einen mit der Zahl 3 und zwei mit der Zahl 4.

- Wir legen diese zehn Zettel in eine Urne und mischen sie.

- Nun ziehen wir einen Zettel, notieren dessen Zahl und legen den Zettel wieder zurück in die Urne.

- Welche Zahl ist auf die Länge im Durchschnitt zu erwarten?

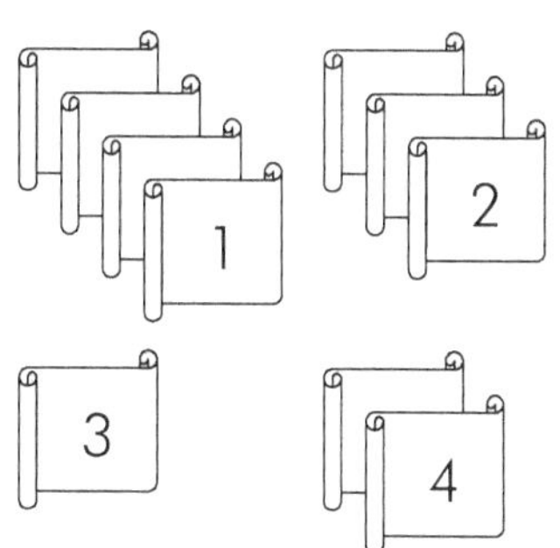

Wir bestimmen die Wahrscheinlichkeitsverteilung:

x	1	2	3	4
p	0,4	0,3	0,1	0,2

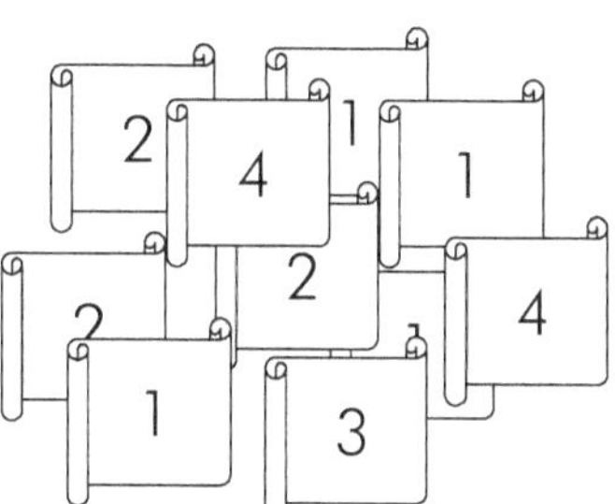

Im Mittel erhält man

$$\mu = 0.4 \cdot 1 + 0.3 \cdot 2 + 0.1 \cdot 3 + 0.2 \cdot 4 = 2,1$$

Bei sehr vielen Durchführungen dieses Versuchs wird die Zufallsgrösse im Mittelwert diesen Wert annehmen. Man nennt diese Zahl den Erwartungswert μ der Zufallsgrösse.

Definition: Ist X eine Zufallsvariable, welche die Werte x_1, x_2, x_3, ... , x_n mit den Wahrscheinlichkeiten p_1, p_2, p_3, ..., p_n annimmt, so heisst die Zahl

$$\mu = p_1 \cdot x_1 + p_2 \cdot x_2 + p_3 \cdot x_3 + ... + p_n \cdot x_n = \sum_{i=1}^{n} p_i \cdot x_i$$

Erwartungswert der Zufallsgrösse X.

Aufgabe 41: Bei einem Würfelspiel beträgt der Einsatz 1 Franken. Eine Spielerin wirft einen Würfel dreimal hintereinander. Erscheint keine 6, ist der Einsatz verloren. Erscheint die 6 einmal, zweimal oder dreimal, so erhält sie den Einsatz zurück und ausserdem einen Gewinn von 1, 2 bzw. 3 Franken ausbezahlt. Bestimme den Erwartungswert dieses Spiels. Lohnt sich das Spiel für die Spielerin?

Anzahl Sechser ω_i	x_i	p_i	$x_i \cdot p_i$
0	−1	0.5787	
1	+1		
2			
3			

Definition: Ein Spiel heisst **fair**, wenn der Erwartungswert für jeden Spieler gleich null ist.

Aufgabe 42: Ist Roulette fair?

Aufgabe 43: Eine Urne enthält drei weisse, sechs rote und eine schwarze Kugel. Ein Spieler zieht miteinander zwei Kugeln aus der Urne. Laut „Gewinnplan" erhält er für zwei weisse Kugeln 1 Fr., für

zwei rote Kugeln 0.25 Fr. und für eine weisse und eine rote Kugel 0.2 Fr. Ist die schwarze Kugel unter den gezogenen, so muss der Spieler 1 Franken bezahlen. Ist das Spiel fair?

Die Wahrscheinlichkeitsverteilung wird nur durch die Angabe aller Werte vollständig beschrieben. Zusammenfassend können jedoch auch nur einige wichtige Parameter der Verteilung angegeben werden. Der Erwartungswert ist eine solche Zahl, die eine wichtige Eigenschaft einer Verteilung beschreibt. Er beschreibt die **Lage des Zentrums** der Verteilung.

$\mu = 5$ 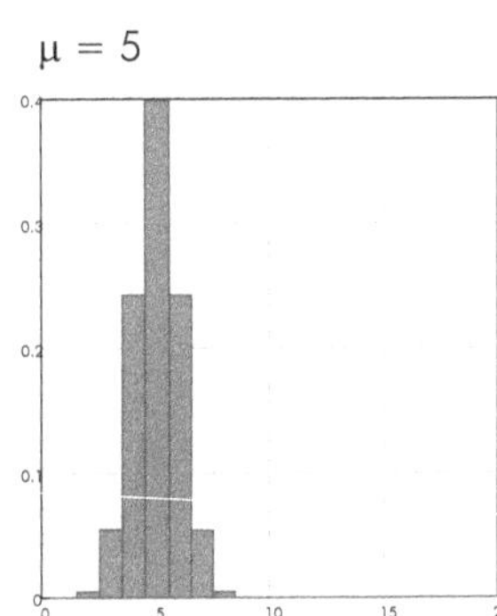 $\mu = 10$ 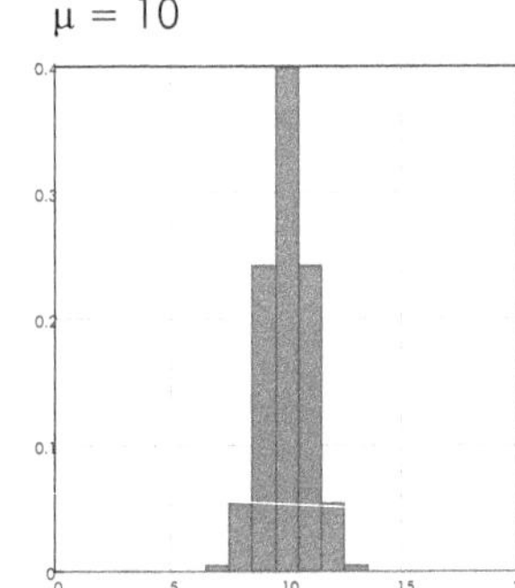 $\mu = 15$ 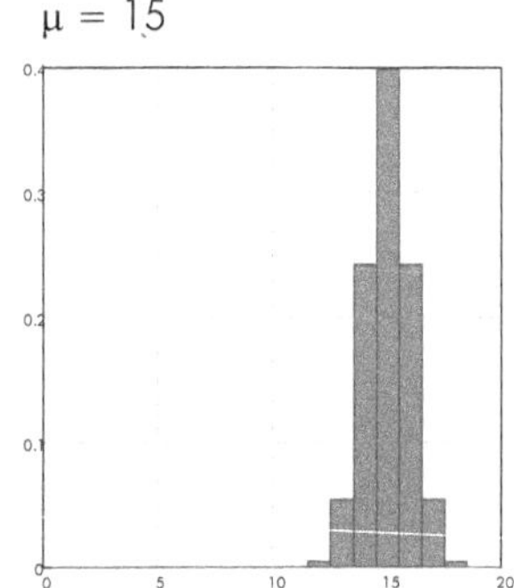

Der Erwartungswert beschreibt die Verteilung jedoch nicht vollständig. Alle diese Verteilungen haben denselben Erwartungswert. Sie unterscheiden sich jedoch in ihrer Breite (Streuung).

$\sigma = 1$ 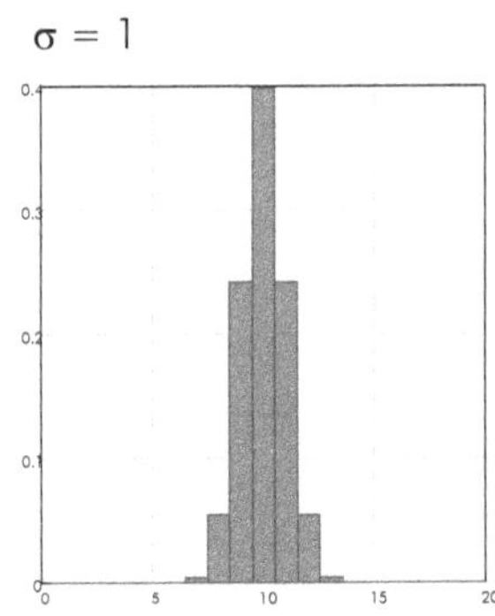 $\sigma = 3$ 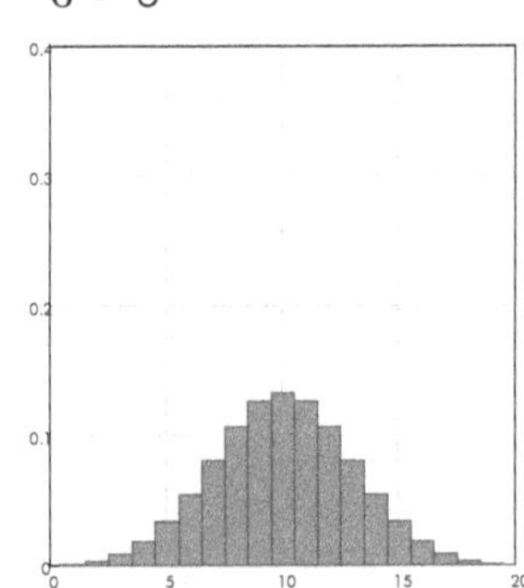 $\sigma = 5$ 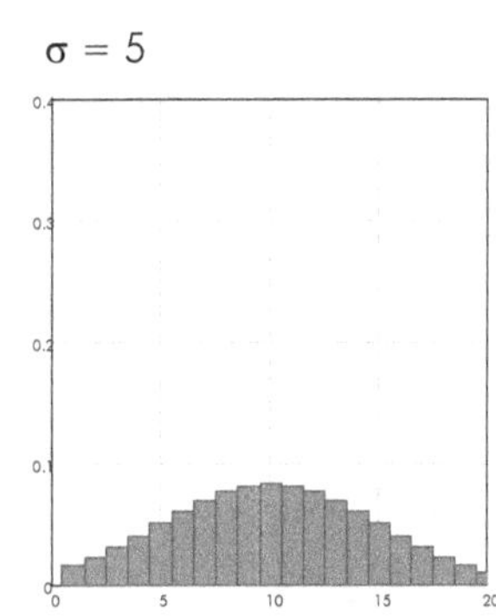

Varianz

Betrachten wir zwei Wahrscheinlichkeitsverteilungen X und Y.

x	1	2	3	4	5
p_x	0.1	0.2	0.4	0.2	0.1

y	1	2	3	4	5
p_y	0.3	0.15	0.1	0.15	0.3

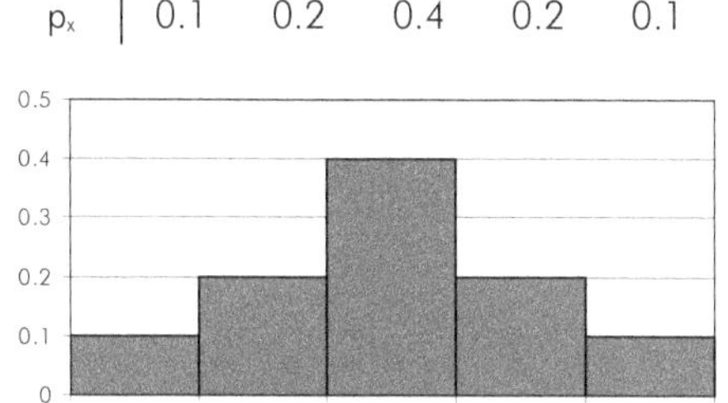

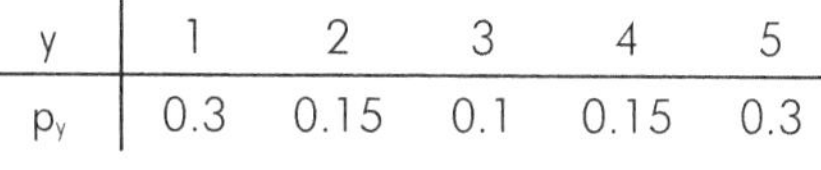

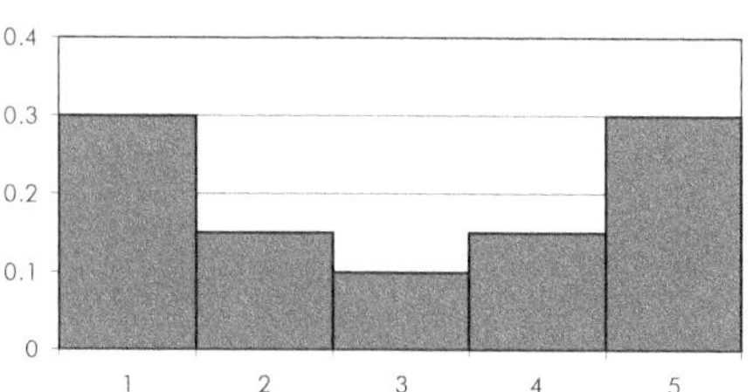

Berechnen wir nun für beide Verteilungen den Erwartungswert:

$$\mu_x = \;\underline{3} \qquad\qquad \mu_y = \;\underline{3}$$

Der Erwartungswert beider Verteilungen ist ...*gleich*...

Die Streuung der beiden Verteilungen ist jedoch ...*unterschiedlich*...

Streuung ...*klein*... Streuung ...*gross*...

Wir suchen ein Mass für die Breite der Verteilung, d.h. der Streuung der Ergebnisse.

Es liegt nahe, die Streuung der Daten durch die Summe ihrer Abweichungen vom Mittelwert $(x_i - \mu)$ zu messen. Dies ist jedoch ungeeignet, weil sich positive und negative Abweichungen gegenseitig ...*aufheben*... So wäre in beiden obigen Beispielen dieses Mass für die Streuung ...*0*...

In der Summe soll also das Vorzeichen der Abweichung eliminiert werden. Dazu kann man den ...*Betrag*... oder das ...*Quadrat*... der Abweichung vom Mittelwert betrachten.

Quadrieren gewichtet im Vergleich zum Betrag grosse Abweichungen vom Mittelwert ...*stark*...

Es ist üblich, den Streuparameter Varianz wie folgt zu definieren:

Definition: Ist X eine Zufallsvariable mit dem Erwartungswert μ, welche die Werte $x_1, x_2, x_3, \ldots, x_n$ mit den Wahrscheinlichkeiten $p_1, p_2, p_3, \ldots, p_n$ annimmt, so heisst die Zahl

$$\sigma^2 = (x_1 - \mu)^2 \cdot p_1 + (x_2 - \mu)^2 \cdot p_2 + \ldots + (x_n - \mu)^2 \cdot p_n = \sum_{i=1}^{n} (x_i - \mu)^2 \cdot p_i$$

Varianz der Zufallsgrösse X.

Definition: Die Wurzel der Varianz heisst **Standardabweichung** $\sigma = \sqrt{\sigma^2}$

Die Varianz und die Standardabweichung der beiden obigen Verteilungen sind

$$\sigma_x^2 = \;\underline{1{,}2} \qquad\qquad \sigma_y^2 = \;\underline{2{,}7}$$

$$\sigma_x \approx \;\underline{1{.}095\ldots} \qquad\qquad \sigma_y \approx \;\underline{1{,}64\ldots}$$

Aufgabe 44: Diese Verteilung ist aus Aufgabe 34.
Berechne auch hier Erwartungswert μ,
Varianz σ^2 und Standardabweichung σ.
Zeichne den Erwartungswert und die
Standardabweichung in die Figur ein.

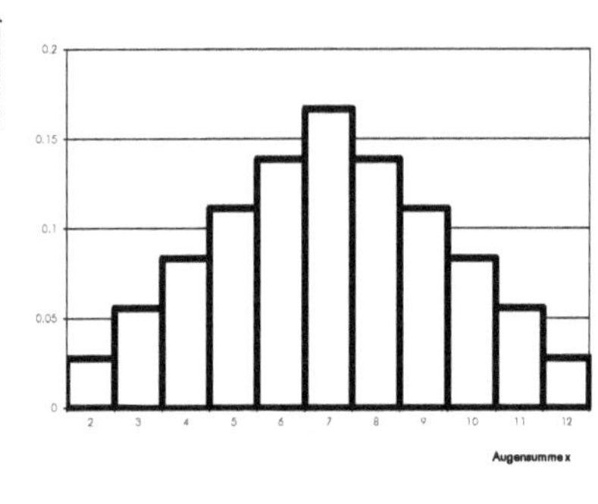

Aufgabe 45: Bei den Aufgaben 38, 39 und 40 hast
Du einige Wahrscheinlichkeitsverteilungen berechnet. Schaue noch einmal nach, was jeweils
die Fragestellung war. Hier die Resultate:

Aufgabe 38a Maximum

x	p
0	1/16
1	3/16
2	5/16
3	7/16

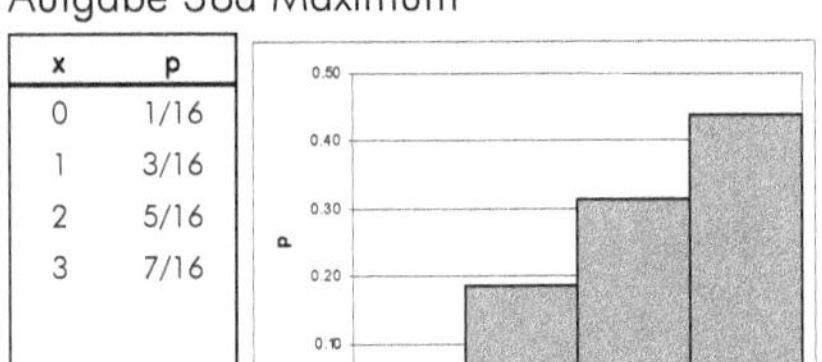

Aufgabe 38b Summe

x	p
0	1/16
1	2/16
2	3/16
3	4/16
4	3/16
5	2/16
6	1/16

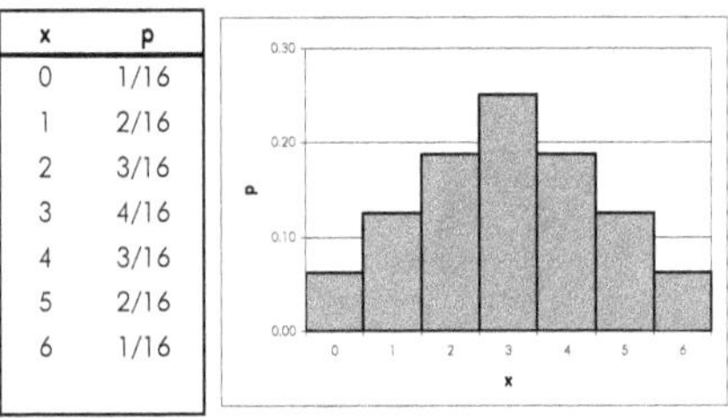

Aufgabe 39

x	p
0	1/27
1	10/27
2	8/27
3	8/27

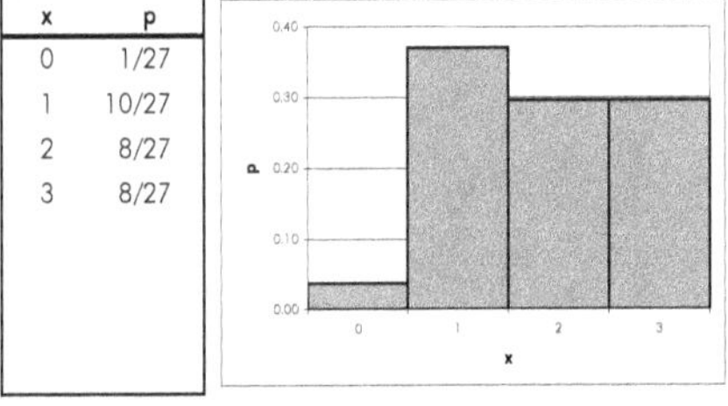

Aufgabe 40

x	p
1	1/4
2	1/4
3	1/4
4	1/4

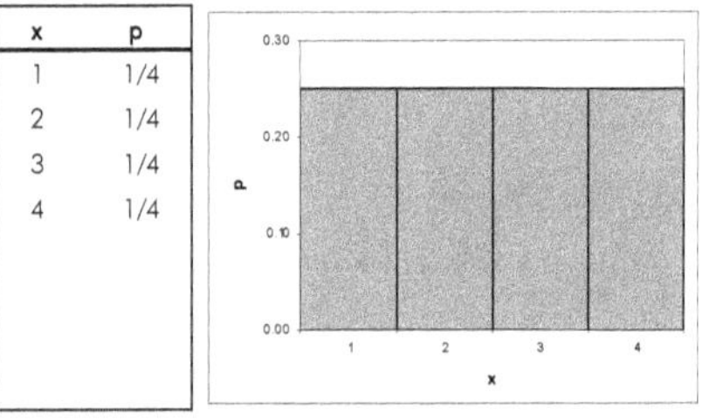

Berechne den Erwartungswert μ, die Varianz σ^2 und die Standardabweichung σ dieser
Wahrscheinlichkeitsverteilungen.

Aufgabe 46: Eine verbeulte Münze zeigt Kopf mit der Wahrscheinlichkeit 0.4. Sie wird viermal
hintereinander geworfen. Die Zufallsgrösse X zählt die Anzahl der dabei erschienenen Köpfe.
Bestimme Erwartungswert μ, Varianz σ^2 und Standardabweichung σ von X.

7. Mathematische vs. deskriptive Statistik

Mathematische Statistik

Mathematische Modelle werden mithilfe der Wahrscheinlichkeitsrechnung aufgestellt.

Deskriptive Statistik

Daten aus einer *Stichprobe* einer *Grundgesamtheit* werden summarisch dargestellt.

Schätzen von Parametern
mit einer Stichprobe

- Wahrscheinlichkeit p
- Erwartungswert μ
- Varianz σ^2
- Standardabweichung σ

- relative Häufigkeit h
- Mittelwert $\bar{x}$
- empirische Varianz s^2
- empirische Standardabweichung s

Rückschlüsse auf die
Grundgesamtheit

8. Wichtige Verteilungen

Die Gleichverteilung

Definition: Eine Zufallsgrösse heisst **gleichverteilt**, wenn sie alle Werte x mit der gleichen Wahrscheinlichkeit p annimmt.

Beispiele: ideale Münze, idealer Würfel

Satz: Nimmt die Zufallsgrösse n unterschiedliche Werte an, so beträgt die Wahrscheinlichkeit der Werte $p = {}^1/_n$.

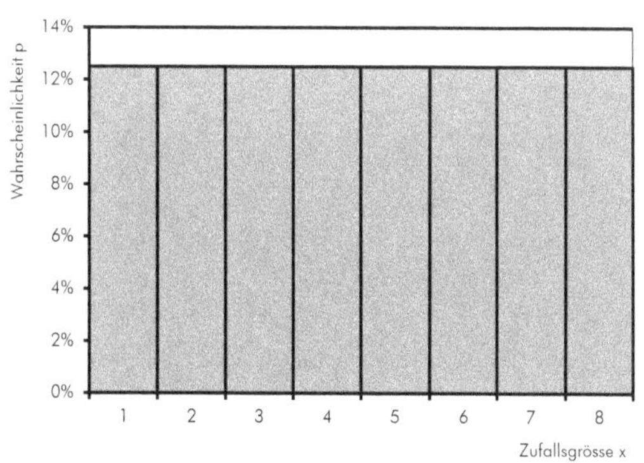

Aufgabe 47: Ein Ikosaeder hat 20 Seiten.

a) Mit welcher Wahrscheinlichkeit wird jeder der Werte 1 bis 20 angenommen?

b) Berechne Erwartungswert und Standardabweichung dieser Verteilung.

c) Wie gross ist die Wahrscheinlichkeit, dass ein Wert im Bereich $9 \leq x \leq 11$ angenommen wird?

d) Das Intervall Mittelwert plus/minus eine Standardabweichung wird häufig als Unsicherheit einer Messung angegeben. Wie gross ist die Wahrscheinlichkeit, dass ein Wert im Intervall $\mu - \sigma \leq x \leq \mu + \sigma$ angenommen wird? Runde die gefunden Zahlen auf ganze Zahlen.

Die Binomialverteilung

Definition: Ein Zufallsexperiment mit genau zwei Ergebnissen heisst **Bernoulli-Experiment**.
Das eine Ergebnis hat die Wahrscheinlichkeit p und wir nennen es „*Treffer*" (Erfolg).
Das andere Ergebnis heisst „Niete" (*Misserfolg*) und seine Wahrscheinlichkeit ist $1 - p$.

Das Bernoulli-Experiment ist nicht nur das einfachste, sondern auch eines der wichtigsten
Zufallsexperimente. Beispiele dafür sind

- das Ziehen einer Niete oder eines Treffers bei einer Lotterie,
- die defekten oder ganzen Produkte bei einer Stichprobe in der Qualitätskontrolle,
- das Eintreten oder Ausbleiben von Nebenwirkungen bei einem Medikament
- und viele mehr.

Ein Bernoulli-Experiment wird mehrmals durchgeführt. Die Durchführungen sind unabhängig,
d. h. die Wahrscheinlichkeit, dass ein Treffer eintritt, bleibt dabei gleich. Wir möchten nun wissen,
mit welcher Wahrscheinlichkeit dabei eine bestimmte Anzahl Treffer eintrifft.

Beispiel: Ein Würfel wird 5-mal nacheinander geworfen. Wie gross ist die Wahrscheinlichkeit, dass
dabei genau zwei Sechser auftreten?

Jeder Wurf eines Würfels ist ein Bernoulli-Experiment, da das Experiment genau $zwei$
Ausgänge hat (es wird ein 6er geworfen oder nicht) und der Erfolg mit der Wahrscheinlichkeit
$p = 1/6$ eintritt.

Dieses Experiment wird 5 Mal wiederholt. Die Wahrscheinlichkeit P für genau 2 Sechser ist:

$$P(2) = \binom{5}{2}\left(\frac{1}{6}\right)^2 \left(\frac{5}{6}\right)^3 \approx 16\%$$

Satz: Ein Bernoulli-Experiment wird n-mal durchgeführt. Die Durchführungen sind voneinander
unabhängig, d.h. die Trefferwahrscheinlichkeit p
ist konstant. Dann beträgt die Wahrscheinlichkeit für genau k Treffer

$$P(k) = \binom{n}{k} p^k (1 - p)^{n-k}$$

Diese Wahrscheinlichkeitsverteilung P(k) heisst
Binomialverteilung.

Satz: Bei einer Binomialverteilung lassen sich
Erwartungswert und Standardabweichung
einfach berechnen.

Erwartungswert: $\qquad \mu = n \cdot p$

Standardabweichung: $\sigma = \sqrt{n \cdot p \cdot (1 - p)}$

Jakob Bernoulli
Mathematiker und Physiker
* 1655 in Basel, † 1705 ebenda

Beispiel zur Binomialverteilung

- Experiment mit genau zwei Ergebnissen.   Ein Zug ist pünktlich oder verspätet.

- W'keit für Treffer (Erfolg): p   Der Zug ist mit 90 % W'keit pünktlich
  W'keit für Niete (Misserfolg): 1 – p   Der Zug ist mit 10 % W'keit verspätet.

- Das Experiment wird n-mal durchgeführt.   Du fährst 20-mal Zug.

- W'keit für genau k Erfolge ist: W'keit für genau 19-mal pünktlich:

$$P(k) = \binom{n}{k} p^k (1-p)^{n-k}$$

$$P(19) = \binom{20}{19} 0.9^{19}(1 - 0.9)^{20-19} = 27\%$$

- Erwartungswert $\mu = n \cdot p$ $\mu = 20 \cdot 0.9 = 18$
  Varianz $\sigma^2 = n \cdot p \cdot (1 - p)$ $\sigma^2 = 1.8$
  Standardabweichung σ $\sigma = 1.3$

Experiment zur Binomialverteilung

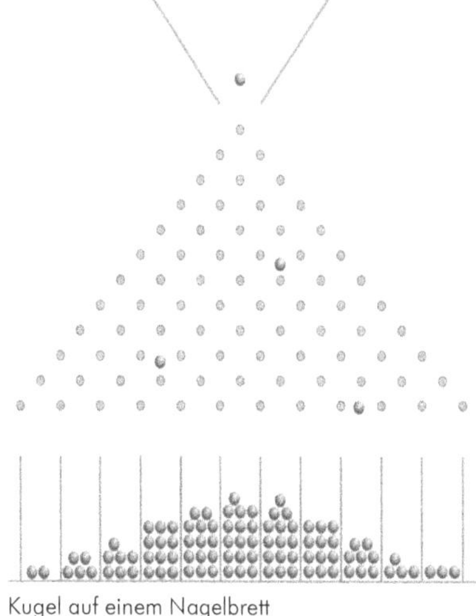

Kugel auf einem Nagelbrett

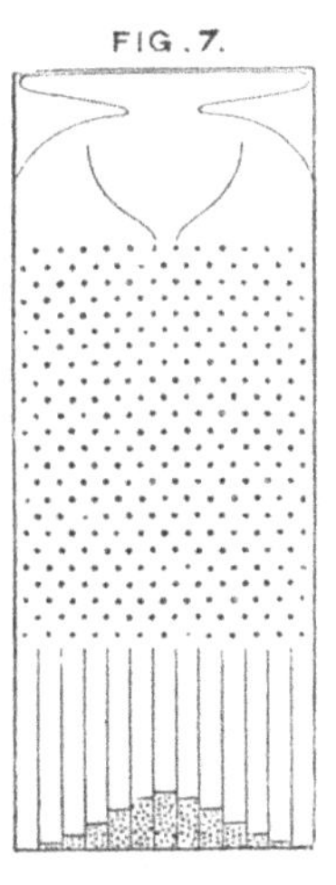

Originalfigur von Galton

Francis Galton (*1822 in Birmingham, †1911 in Surrey): Statistiker, Eugeniker Psychologe, Naturforscher

Aufgabe 48: Bei einer Qualitätskontrolle hat man mit einem Ausschuss von 6 % zu rechnen. Berechne die Wahrscheinlichkeit dafür, dass in einer Stichprobe von 10 Artikeln 2 Artikel defekt sind.

Aufgabe 49: Eine Maschine produziert Bleistifte. 15 % der Produktion ist Ausschuss.
  a) Ermittle die Wahrscheinlichkeitsverteilung für die Anzahl k defekter Bleistifte in einer Stichprobe von 10 Bleistiften und stelle sie in einem Stabdiagramm dar.
  b) Wie viele defekte Bleistifte sind unter einer solchen Stichprobe von 10 Bleistiften durchschnittlich zu erwarten?
  c) Welche Standardabweichung hat diese Stichprobe?

d) Mit welcher Wahrscheinlichkeit befinden sich 4 defekte
   Bleistifte in der Stichprobe?

e) Wie gross ist die Wahrscheinlichkeit, dass von 10 zufällig
   herausgegriffenen Bleistiften mehr als 5 Ausschuss sind?

f) Mit welcher Wahrscheinlichkeit ist die Anzahl defekter Bleistifte
   einer Stichprobe vom Umfang 10 im Intervall [0, 3]?

g) Mit welcher Wahrscheinlichkeit befindet sich die Anzahl
   defekter Bleistifte einer Stichprobe vom Umfang 10 im Intervall
   $[\mu - \sigma, \mu + \sigma]$?

Aufgabe 50: Die Ferien nahen. Eine Jugendgruppe will im August ein
Camp an Englands Ostküste veranstalten. Leider darf man dort
nicht viel Sonnenschein erwarten. Die Erfahrung zeigt, dass im
August die Wahrscheinlichkeit für einen Tag mit schönem Wetter
40 % ist. Wie gross ist die Wahrscheinlichkeit, dass die Gruppe
an 10 von 14 Tagen schönes Wetter hat?

Aufgabe 51: Eine Familie hat 4 Kinder. Wie gross ist die Wahrschein-
lichkeit, dass sie zwei Jungen und zwei Mädchen hat? Jungen und
Mädchen sind gleichverteilt, d.h. die Wahrscheinlichkeiten für die
Geburt eines Jungen ist gleich wie die für ein Mädchen?

Aufgabe 52: Ein Kandidat muss sich einem Test unterziehen, der in
Multiple-Choice-Form durchgeführt wird. Zu jeder der 8 Fragen
werden 4 Antworten angeboten, von denen 1 richtig ist und 3
falsch sind. Bestanden ist der Test, wenn mindestens 6 von 8
Fragen korrekt beantwortet worden sind. Wie gross ist die Wahrscheinlichkeit, dass der Kandidat den Test besteht, wenn er die
Fragen rein zufällig beantwortet?

Aufgabe 53: Aus Erfahrung weiss man, dass in einem Gebäude mit
Fahrstühlen nach der Nutzung über den Zeitraum von einem Jahr
im Mittel 2 von 10 Fahrstühlen repariert werden müssen. Wie
gross ist die Wahrscheinlichkeit, dass in einem Jahr
a)   genau 4 von 12 Fahrstühlen repariert werden müssen?
b)   3 oder weniger von 12 Fahrstühle repariert werden müssen?
c)   4 oder mehr von 12 Fahrstühlen repariert werden müssen?

Aufgabe 54: In einem Gefäss mit 30 Kugeln sind genau 12 Kugeln
grün. Es werden 15 Ziehungen mit Zurücklegen durchgeführt.
Berechne die Wahrscheinlichkeiten für die Anzahl x der
gezogenen grünen Kugeln mit Hilfe einer Tabelle der
Binomialverteilung.
a) $P(x \leq 3)$ b) $P(x \leq 6)$
c) $P(x = 6)$ d) $P(x \geq 10)$
e) $P(4 \leq x \leq 8)$ f) $P(5 \leq x \leq 10)$

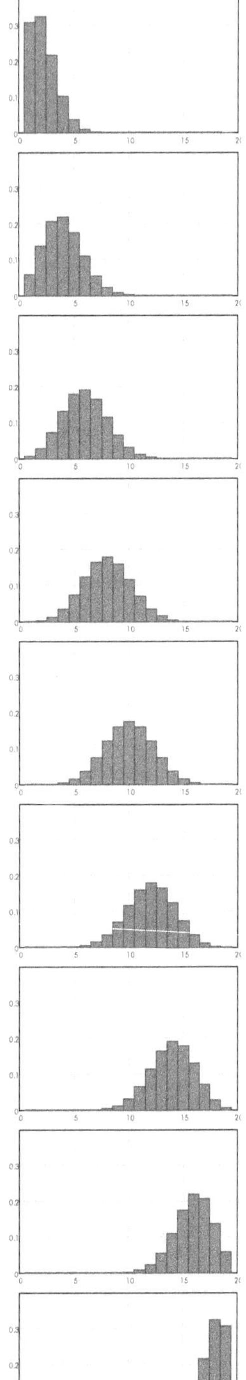
Binomialverteilung mit n = 20
und p = 0.1, 0.2, 0.3, … 0.9
(von oben nach unten)

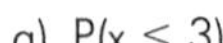

                     Christian Wyss (März 24)

Diskrete und stetige Wahrscheinlichkeitsverteilungen

Diskrete Zufallsvariable	*Stetige Zufallsvariable*

Beispielsituation

Eine Fabrik stellt Schrauben mit 40 % Ausschuss her. Die Anzahl defekter Schrauben in einer Stichprobe von 18 Schrauben ist eine Zufallsvariable.

Eine Fabrik stellt Schrauben mit dem Durchmesser 7 mm her. Die Maschine macht einen Fehler von ± 2 mm. Der Durchmesser der Schrauben ist eine Zufallsvariable.

Ergebnismenge

$$S = \{0,1,2,3,...15,16,17,18\}$$

$$S = \mathbb{R}^+$$

Wahrscheinlichkeitsverteilung / Dichtefunktion

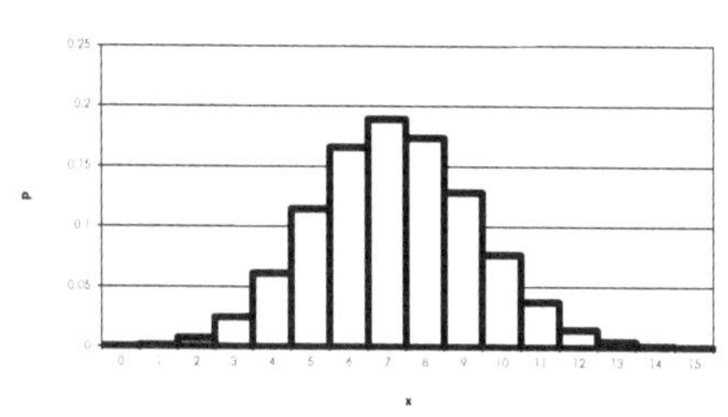

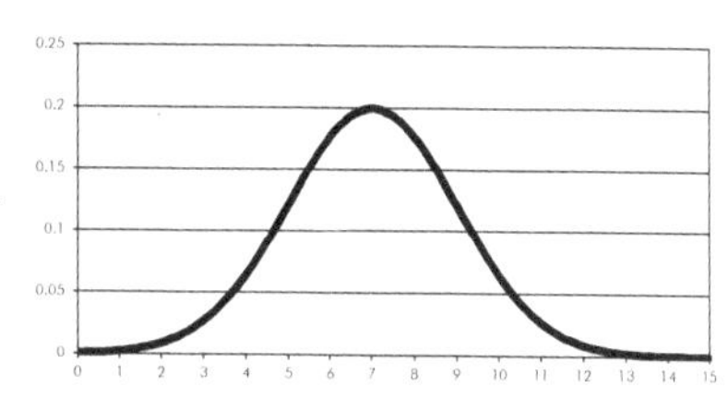

Erwartungswert und Varianz

$$\mu = \sum_{i=1}^{n} p_i \cdot x_i \qquad \mu = 7.2$$

$$\sigma^2 = \sum_{i=1}^{n} p_i \cdot \left(x_i - \mu\right)^2 \qquad \sigma^2 = 4.32$$

$$\sigma = 2.08$$

$$\mu = \int_0^{\infty} p \cdot x \, dx \qquad \mu = 7.0$$

$$\sigma^2 = \int_0^{\infty} p \cdot \left(x - \mu\right)^2 dx \qquad \sigma^2 = 4.0$$

$$\sigma = 2.0$$

Wahrscheinlichkeiten

6 oder weniger defekte Schrauben: 37 %

Durchmesser ≤ 6 mm: 36 %

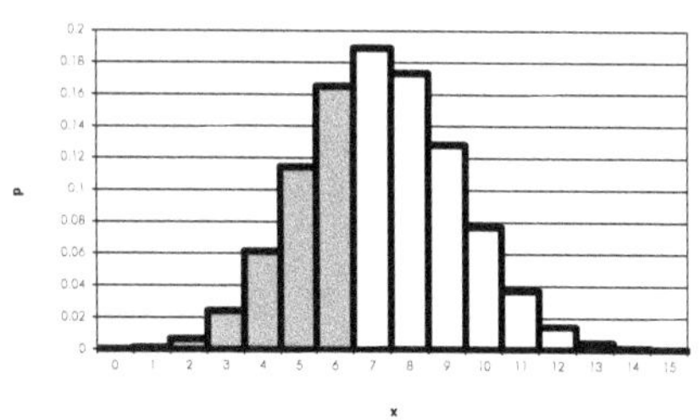

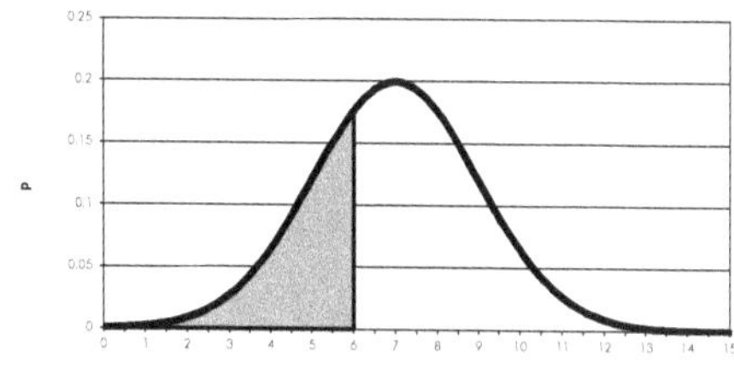

Genau 4 defekte Schrauben: 6 %

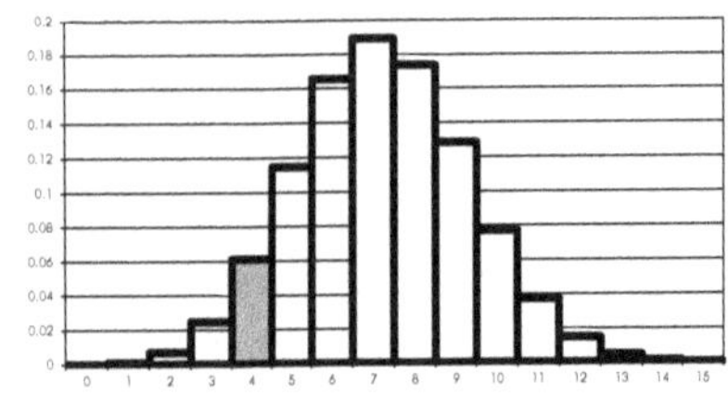

Durchmesser genau 4.1254 mm: 0 %

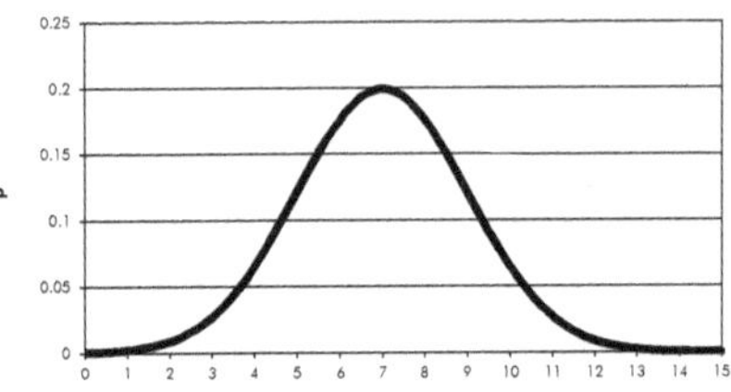

Beliebige Anzahl defekte Schrauben: 100 %

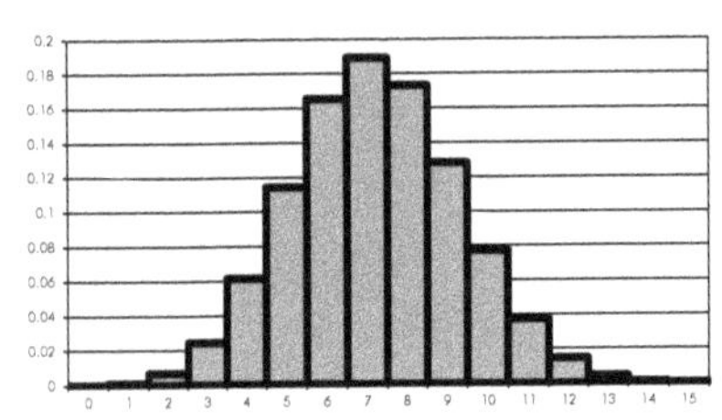

Schraube mit beliebigem Durchmesser: 100 %

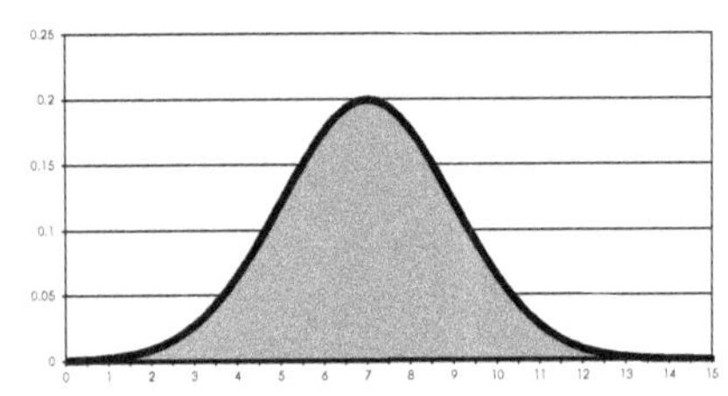

Summenfunktion der Verteilung / Integral der Dichtefunktion

Wahrscheinlichkeit, dass sich a oder weniger defekte Schrauben in der Stichprobe befinden:

$$p(a) = \sum_{i=0}^{i=a} p_i$$

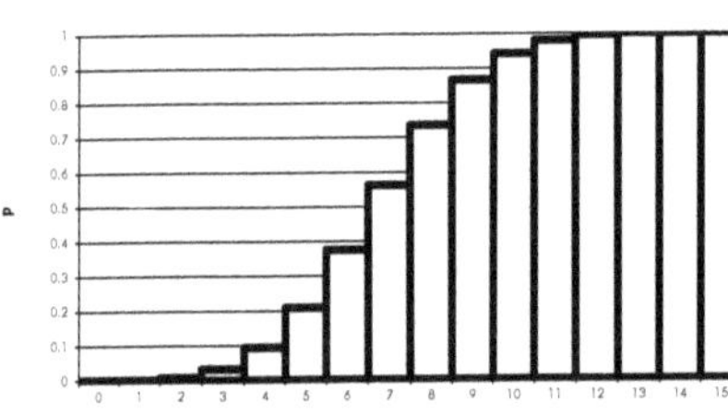

Wahrscheinlichkeit, dass der Durchmesser kleiner oder gleich a ist:

$$p(a) = \int_{-\infty}^{a} p(x)\, dx$$

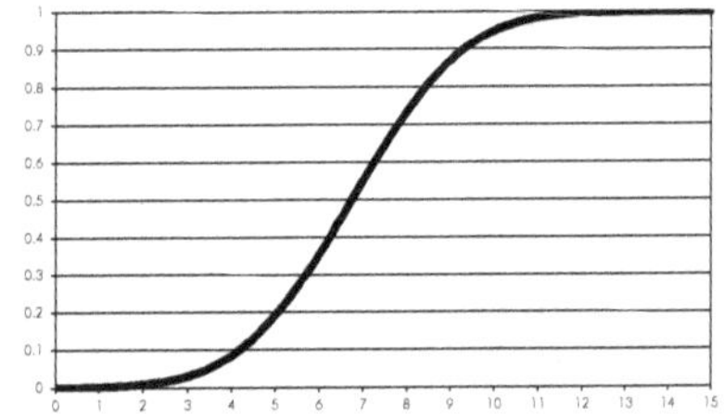

Die Normalverteilung

Die wohl bedeutendste Verteilung in Natur- und Sozialwissenschaften, Wirtschaft und Technik ist die Normalverteilung. Ihre grosse Bedeutung rührt daher, dass jeder Prozess, der durch eine Überlagerung von einer Grosszahl zufälliger Prozesse zustande kommt, durch die Normalverteilung beschrieben wird. Insbesondere nähert sich auch die Binomialverteilung für eine grosse Anzahl Versuche (n gross) einer Normalverteilung an.

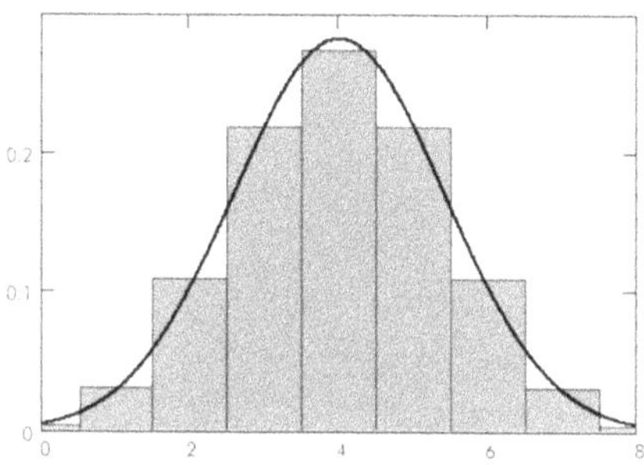

Darstellung einer Binomialverteilung mit n = 8 und p = 0.5 zusammen mit einer Normalverteilung.

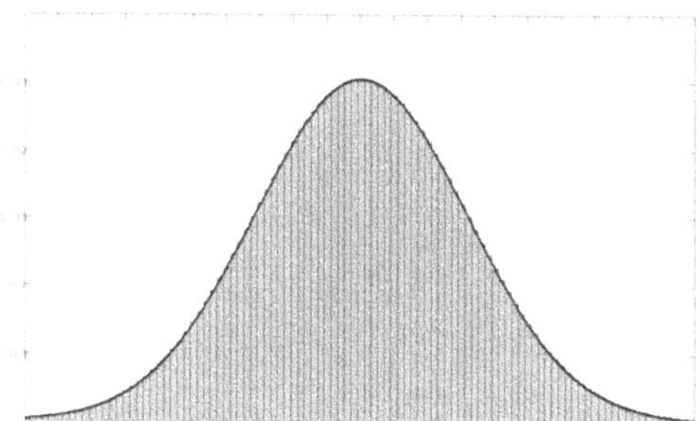

Darstellung einer Binomialverteilung mit n = 1'000 und p = 0.5 zusammen mit einer Normalverteilung.

Die Gauss-Funktion

Definition: Die **Gauss-Funktion** hat die Form

$$\varphi_S\left(x\right) = \frac{1}{\sqrt{2\pi}} \cdot e^{-\frac{x^2}{2}}$$

mit der *Eulerschen Zahl* e ≈ 2.71828…

Die Gauss-Funktion

hat ein ...Maximum... bei x = 0,

ist symmetrisch zur ...y-Achse...,

hat die ...x-Achse... als Asymptote,

hat die Fläche .O. unter der Kurve,

hat eine ...Glockenkurve... als Graph.

Banknoten mit Gauss und mit Euler.

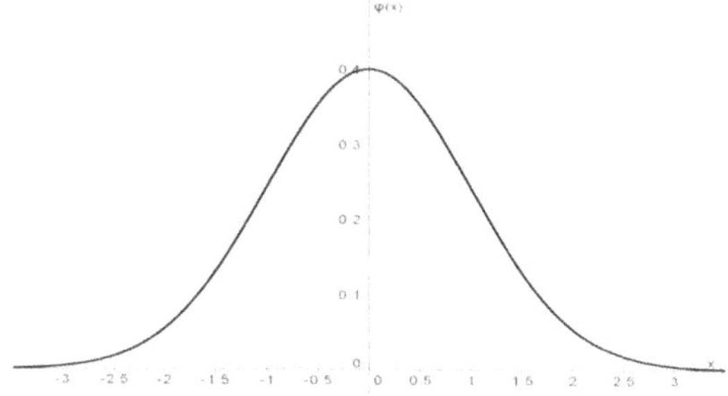

Die Normalverteilung

Die Normalverteilung wird durch die Gauss-Funktion beschrieben. Diese wird jedoch so erweitert, dass mit Parametern die Lage und die Breite der Kurve verändert werden kann.

Definition: Die **Dichtefunktion der Normalverteilung** ist

$$\varphi(x) = \frac{1}{\sqrt{2\pi} \cdot \sigma} \cdot e^{-\frac{(x-\mu)^2}{2\sigma^2}}$$

wobei der Erwartungswert μ die Lage und die Standardabweichung σ die Breite der Kurve bestimmt.

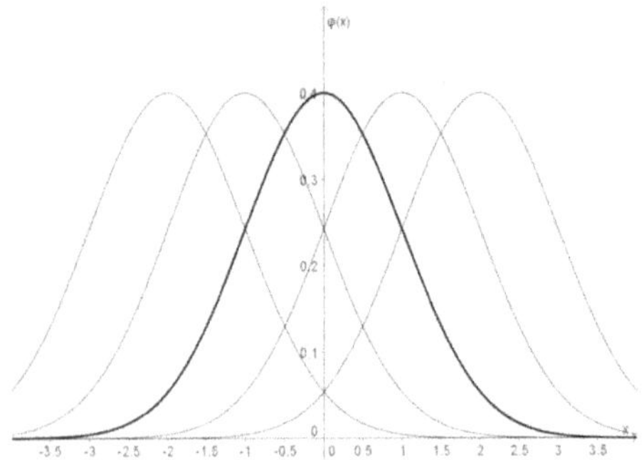

Der Erwartungswert μ bestimmt die Lage der Verteilung.
Normalverteilung mit $\sigma = 1$ und $\mu = -2, -1, 0, 1, 2$

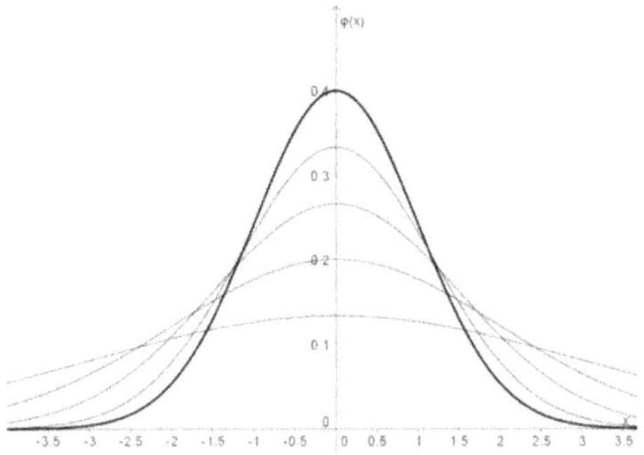

Die Standardabweichung σ bestimmt die Breite der Verteilung.
Normalverteilung mit $\mu = 0$ und $\sigma = 1, 1.2, 1.5, 2, 3$

Definition: Ist die Zufallsgrösse x normalverteilt, so ist die Wahrscheinlichkeit P, dass sie einen Wert kleiner als x_0 annimmt, durch die Fläche unter der Dichtefunktion $\varphi(x)$ gegeben:

$$P(x \leq x_0) = \int_{-\infty}^{x_0} \varphi(x)\,dx = \int_{-\infty}^{x_0} \frac{1}{\sqrt{2\pi} \cdot \sigma} \cdot e^{-\frac{(x-\mu)^2}{2\sigma^2}}\,dx$$

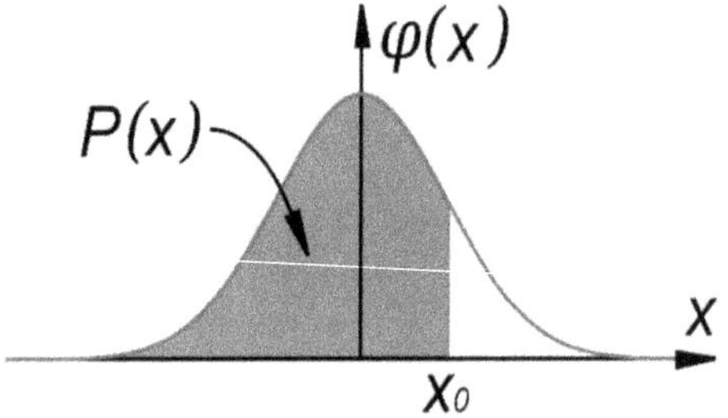

Diese Verteilung heisst **Normalverteilung** mit dem Erwartungswert μ und der Standardabweichung σ.

Definition: Die **Standard-Normalverteilung** ist eine Normalverteilung mit Erwartungswert $\mu = 0$ und der Standardabweichung $\sigma = 1$.

Zur Berechnung der Wahrscheinlichkeit muss ein kompliziertes Integral ausgewertet werden. Diese Berechnung ist leider nicht auf einfache Art möglich. Deshalb sind in Tabellen Werte für dieses Integral zusammengestellt.

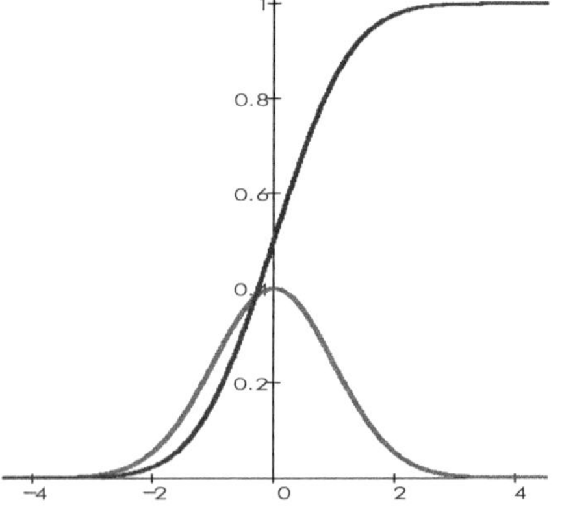

Aufgabe 55: Die Tabelle gibt an, mit welcher Wahrscheinlichkeit $P_S(z)$ die standard-normalverteilte Zufallsgrösse x einen Wert kleiner gleich z annimmt. $P_S(1.23)$ ist also die Wahrscheinlichkeit, dass das Experiment einen Wert kleiner oder gleich 1.23 annimmt. Sie beträgt 89.065 %. Bestimme die Werte $P_S(1)$, $P_S(2)$, $P_S(0)$, $P_S(3.34)$, $P_S(-2)$, $P_S(\infty)$, $P_S(-\infty)$ mithilfe der Tabelle.

Aufgabe 56: Bestimme mithilfe der Tabelle die folgenden Werte:

a) $P_S(1.63)$

b) $P_S(-0.09)$

c) $P_S(-3.24)$

Bestimme z so, dass gilt:

d) $P_S(z) = 0.9803$

e) $P_S(z) = 0.0250$

f) $P_S(z) \geq 0.35$

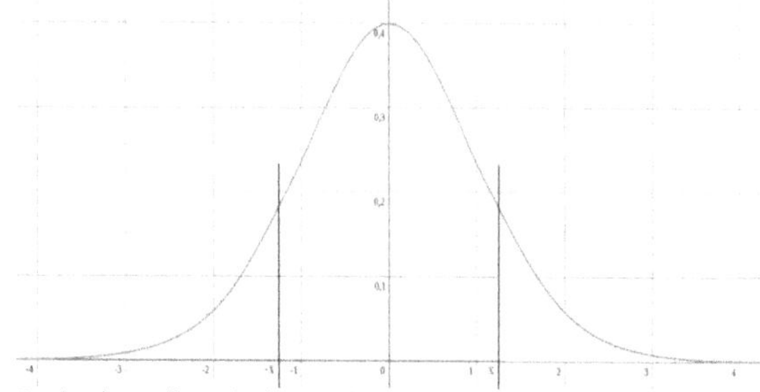

Die beiden gelben Flächen sind gleich gross. Wegen der Symmetrie gilt also: $P(-x) = 1 - P(x)$

Satz: Wenn eine Zufallsgrösse mit Erwartungswert μ und der Standardabweichung σ normalverteilt, so kann die Wahrscheinlichkeit $P(x)$, dass die Zufallsgrösse einen Wert kleiner gleich x annimmt, mithilfe der Standard-Normalverteilung P_S bestimmt werden. Es gilt:

$$P(x) = P_S(z) \quad \text{mit} \quad z = \frac{x - \mu}{\sigma}$$

Aufgabe 57: Die Zufallsgrösse x ist normalverteilt. Der Erwartungswert beträgt 2 und die Standardabweichung 3. Bestimme die Wahrscheinlichkeit, dass die Grösse

a) einen Wert kleiner als 3,   b) einen Wert kleiner als -2,

c) einen Wert grösser als 4,   d) den Wert 1 und dass sie

e) einen Wert zwischen -1 und 3 annimmt.

Aufgabe 58: Die Zufallsgrösse x ist normalverteilt. Mit welcher Wahrscheinlichkeit nimmt sie einen Wert im Intervall von -2 bis 4 an, wenn

a) der Erwartungswert 2 und die Standardabweichung 2,

b) der Erwartungswert 2 und die Standardabweichung 4 und wenn

c) der Erwartungswert 3 und die Standardabweichung 2 sind?

Aufgabe 59: Lies aus der Figur die Wahrscheinlichkeit ab, dass eine normalverteilte Zufallsgrösse einen Wert zwischen $\mu - \sigma$ und $\mu + \sigma$ annimmt. Bestimme auch die Wahrscheinlichkeit, dass die Grösse zwischen $\mu \pm 2\sigma$ und im Intervall $\mu \pm 3\sigma$ liegt.

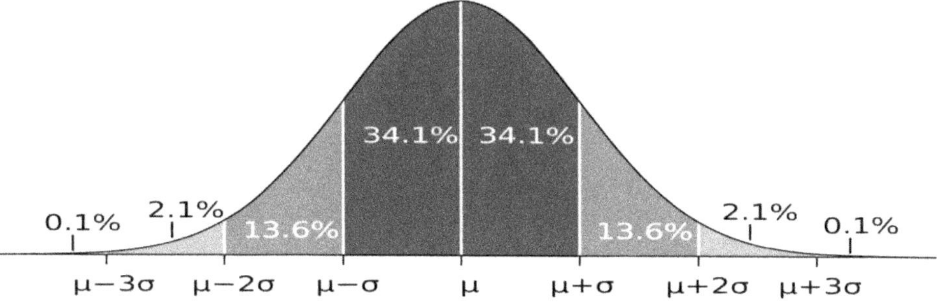

Aufgabe 60: Langzeitbeobachtungen der Niederschlagsmenge in Millimeter an einem bestimmten Ort im Monat April ergaben, dass diese angenähert normal verteilt ist. Der Mittelwert der Beobachtungen betrug 55 mm und die Standardabweichung 3 mm. Mit welcher Wahrscheinlichkeit liegt die Niederschlagsmenge im April

a) unter 50 mm,

b) über 60 mm,

c) zwischen 53 und 57 mm?

Aufgabe 61: Stichprobenhafte Kontrollen von Salzpackungen mit der Aufschrift „Mindestgewicht 500 g" haben ergeben, dass die eingefüllte Salzmenge näherungsweise normalverteilt ist. Die Packungen haben im Mittel eine Masse von 503 g. Sie streut mit einer Standardabweichung von 2 um die mittlere Masse. Mit welcher Wahrscheinlichkeit erwirbt man ein Salzpaket, das weniger als die Mindestmenge enthält?

Aufgabe 62: Die Durchmesser der in einer Fabrik hergestellten Schrauben seien normal verteilt mit dem Mittelwert 2.5 mm und der Standardabweichung 0.2 mm. Eine Schraube wird als unbrauchbar betrachtet, wenn ihr Durchmesser kleiner als 2.0 mm oder grösser als 2.8 mm ist. Wie gross ist der Ausschuss in Prozent? (Die Aufgabe habe ich aus einem Mathebuch. Die Firma arbeitete extrem ungenau, die Kunden sind aber sehr tolerant gewesen was die Spezifikationen der Schraube anbelangen.)

Johann Carl Friedrich Gauss
(*1777 in Braunschweig, †1855 in Göttingen)
Mathematiker, Astronom, Physiker

Leonhard Euler
(*1707 in Basel, †1783 in St. Petersburg)
Einer der bedeutendsten Mathematiker

Näherungsformel von De Moivre-Laplace

Nach den Satz von Moivre-Laplace konvergiert die Binomialverteilung für grosse n gegen die Normalverteilung. Bei grossem Stichprobenumfang kann daher die Normalverteilung als Näherung der Binomialverteilung verwendet werden.

Für eine binomialverteilte Zufallsvariable X mit Erwartungswert μ und Standardabweichung σ gilt bei grossen Werten von n:

$$P\left(k_1 \leq z \leq k_2\right) \approx P_s\left(z_2\right) - P_s\left(z_1\right) \qquad \text{mit } z_1 = \frac{k_1 - \mu}{\sigma} \text{ und } z_2 = \frac{k_2 - \mu}{\sigma}$$

Die Näherungsformel liefert brauchbare Werte, wenn die Faustregel

$$\sigma = \sqrt{n \cdot p \cdot q} = \sqrt{n \cdot p \cdot \left(1 - p\right)} > 3 \text{ erfüllt ist.}$$

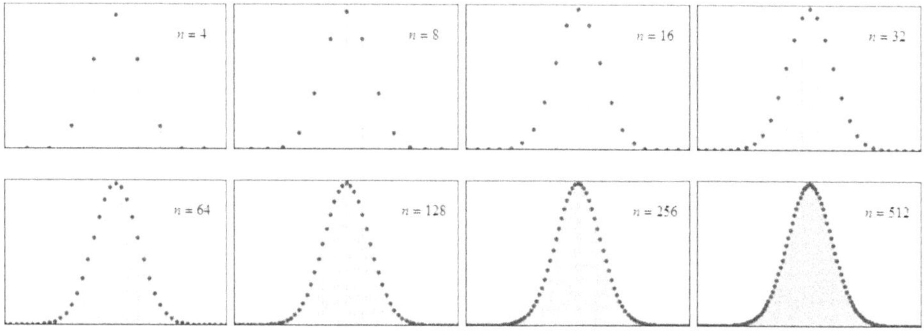

Aufgabe 63: Die Zufallsvariable X sei binomial verteilt mit n = 100 und p = 0.4. Berechne P(45 ≤ x ≤ 50) mit Hilfe der Näherungsformel von De Moivre-Laplace.

Aufgabe 64: Die Wahrscheinlichkeit einer Knabengeburt beträgt 0.514. Mit welcher Wahrscheinlichkeit sind von 1000 Neugeborenen mehr als 525 Knaben?

Aufgabe 65: Wie gross ist die Wahrscheinlichkeit dafür, dass unter 1000 Zufallsziffern die 7 um mehr als 10 % öfter auftritt, als zu erwarten ist?

9. Testen von Hypothesen

Eine Einführung[3]

Ein statistischer Test dient dazu, anhand vorliegender Beobachtungen eine begründete Entscheidung über die Gültigkeit oder Ungültigkeit einer Hypothese zu treffen. Einer Beobachtung wird also ein Entscheid, ob eine Hypothese stimmt oder nicht, zugeordnet. Da die vorhandenen Daten Realisationen von Zufallsvariablen sind, lässt sich in den meisten Fällen nicht mit Sicherheit sagen, ob eine Hypothese stimmt oder nicht. Man muss also zusätzlich die Wahrscheinlichkeiten für eine Fehlentscheidung kennen.

Ein statistisches Testverfahren lässt sich im Prinzip mit einem Gerichtsverfahren vergleichen. Das Verfahren hat (meistens) als Zweck festzustellen, ob es ausreichend Beweise gibt, den Angeklagten zu verurteilen. Es wird dabei immer von der Unschuld eines Verdächtigen ausgegangen, und solange grosse Zweifel an den Belegen für ein tatsächliches Vergehen bestehen, wird ein Angeklagter freigesprochen. Nur wenn die Indizien für die Schuld eines Angeklagten deutlich überwiegen, kommt es zu einer Verurteilung.

Es gibt demnach zu Beginn des Verfahrens die beiden Hypothesen H_0 „der Verdächtige ist unschuldig" und H_1 „der Verdächtige ist schuldig". Erstere nennt man Nullhypothese, von ihr wird vorläufig ausgegangen. Die zweite nennt man Alternativhypothese. Sie ist diejenige, die man zu „beweisen" versucht wird.

Um einen Unschuldigen nicht zu leicht zu verurteilen, wird die Hypothese der Unschuld erst dann verworfen, wenn ein Irrtum sehr unwahrscheinlich ist. Man spricht auch davon, die Wahrscheinlichkeit für einen Fehler erster Art (also das Verurteilen eines Unschuldigen) zu kontrollieren. Naturgemäss wird durch dieses unsymmetrische Vorgehen die Wahrscheinlichkeit für einen Fehler zweiter Art (also das Freisprechen eines Schuldigen) „gross". Aufgrund der stochastischen Struktur des Testproblems lassen sich wie in einem Gerichtsverfahren Fehlentscheidungen grundsätzlich nicht vermeiden. Man versucht in der Statistik allerdings, optimale Tests zu konstruieren, die die Fehlerwahrscheinlichkeiten minimieren.

Ein Einführungsbeispiel

Es soll versucht werden, einen Test auf hellseherische Fähigkeiten zu entwickeln. Einer Testperson wird 25-mal die Rückseite einer rein zufällig gewählten Spielkarte gezeigt und sie wird jeweils danach gefragt, zu welcher der vier Farben (Kreuz, Pik, Herz, Karo) die Karte gehört. Die Anzahl der Treffer nennen wir X.

Da die hellseherischen Fähigkeiten der Person getestet werden sollen, gehen wir vorläufig von der Nullhypothese aus, die Testperson sei nicht hellsehend. Die Alternativhypothese lautet entsprechend: Die Testperson ist hellseherisch begabt.

---

[3] nach „Statistischer Test", *Wikipedia*, Die freie Enzyklopädie. Bearbeitungsstand: 16. Februar 2016

Was bedeutet das für unseren Test? Wenn die Nullhypothese richtig ist, wird die Testperson nur versuchen können, die jeweilige Farbe zu erraten. Für jede Karte gibt es natürlich eine Wahrscheinlichkeit von ¼, richtig zu antworten. Ist die Alternativhypothese richtig, hat die Person für jede Karte eine grössere Wahrscheinlichkeit als ¼. Wir nennen die Wahrscheinlichkeit einer richtigen Vorhersage p.

Die Hypothesen lauten dann: H_0: $p = \dfrac{1}{4}$ und H_1: $p > \dfrac{1}{4}$.

Wenn die Testperson alle 25 Karten richtig benennt, werden wir sie als Hellseher betrachten und natürlich die Nullhypothese ablehnen. Und mit 24 oder 23 Treffern auch. Andererseits gibt es bei nur 5 oder 6 Treffern keinen Grund dazu. Aber was wäre mit 12 Treffern? Was ist mit 17 Treffern? Wo liegt die kritische Anzahl an Treffern c, von der an wir nicht mehr glauben können, es seien reine Zufallstreffer?

Wie bestimmen wir also den kritischen Wert c? Mit c = 25 (also, dass wir nur hellseherische Fähigkeiten erkennen wollen, wenn alle Karten richtig erkannt worden sind) ist man deutlich kritischer als mit c = 10. Im ersten Fall wird man kaum eine Person als Hellseher ansehen, im zweiten Fall einige mehr.

In der Praxis kommt es also darauf an, wie kritisch man genau sein will, also wie oft man eine Fehlentscheidung erster Art zulässt. Mit c = 25 ist die Wahrscheinlichkeit einer solchen Fehlentscheidung, also die Wahrscheinlichkeit, dass eine nicht hellseherische Testperson nur rein zufällig 25-mal richtig geraten hat

$$P\left(H_0 \text{ abgelehnt} \,\middle|\, H_0 \text{ ist richtig}\right) = P\left(X \geq 25 \,\middle|\, p = \tfrac{1}{4}\right) = \left(\tfrac{1}{4}\right)^{25} \approx 10^{-15}$$

also sehr klein.

Weniger kritisch, mit c = 10, erhalten wir mit der Binomialverteilung $B_p(k, n)$

$$P\left(H_0 \text{ abgelehnt} \,\middle|\, H_0 \text{ ist richtig}\right) = P\left(X \geq 10 \,\middle|\, p = \tfrac{1}{4}\right) = \sum_{i=10}^{25} B_{\frac{1}{4}}(i, 25) \approx 0.07$$

eine wesentlich grössere Wahrscheinlichkeit.

Vor dem Test wird eine Wahrscheinlichkeit für den Fehler erster Art festgesetzt. Typisch sind Werte zwischen 1 % und 5 %. Abhängig davon lässt sich (hier im Falle eines Signifikanzniveaus von 1 %) dann c so bestimmen, dass

$$P\left(H_0 \text{ abgelehnt} \,\middle|\, H_0 \text{ ist richtig}\right) = P\left(X \geq c \,\middle|\, p = \tfrac{1}{4}\right) \leq 0.01$$

gilt. Unter allen Zahlen c, die diese Eigenschaft erfüllen, wird man zuletzt c als die kleinste Zahl wählen, die diese Eigenschaft erfüllt, um die Wahrscheinlichkeit für den Fehler zweiter Art klein zu halten. In diesem konkreten Beispiel folgt: c = 13. Ein Test dieser Art heisst Binomialtest, da die Anzahl der Treffer unter der Nullhypothese binomial verteilt ist.

Ein- und zweiseitige Tests

Einseitiger Test

Beim zweiseitigen Signifikanztest werden die Hypothesen $p = p_0$ und $p \neq p_0$ betrachtet. Nun gibt es aber Situationen, bei denen die Hypothesen nicht in dieser Form geschrieben werden können. Bei Qualitätsuntersuchungen geht es meistens nicht darum, ob der Ausschussanteil p z. B. 5 % beträgt oder nicht, sondern man möchte wissen, ob p höchstens 5 % ist oder nicht.

Der Hersteller eines Artikels garantiert, dass der Ausschussteil höchstens 4 % beträgt. Ein Abnehmer entnimmt einer Lieferung 100 Artikel und findet 9 Ausschussstücke. Kann man hieraus mit einer Irrtumswahrscheinlichkeit von 5 % schliessen, dass der Ausschussanteil höher als 4 % ist?

- Die Hypothesen lauten:
  H_0: $p \leq 0.04$, H_1: $p > 0.04$

- Stichprobenumfang: $n = 100$;
  Signifikanzniveau: $\alpha = 0.05$.

- X: Anzahl Ausschussstücke bei 100 Ziehungen. X ist bei wahrer Nullhypothese binomialverteilt. Wir nehmen den extremsten Wert für p, den die Nullhypothese zulässt: $p = 0.04$.

Da grosse Werte von X gegen H_0 sprechen, reden wir von einem rechtsseitigen Test. Wir können berechnen, dass $p(x \leq 7) = 0.952$. Daher ist $p(x \geq 8) = 0.048 < 5\,\%$.

Der Ablehnungsbereich der Nullhypothese ist somit $K = \{8, 9, ...\}$. Da die empirisch gefundene Anzahl $X = 9$ in K liegt, wird die Nullhypothese verworfen (bei einer Irrtumswahrscheinlichkeit von 5 %). Der Ausschussanteil ist vermutlich höher als 4 %.

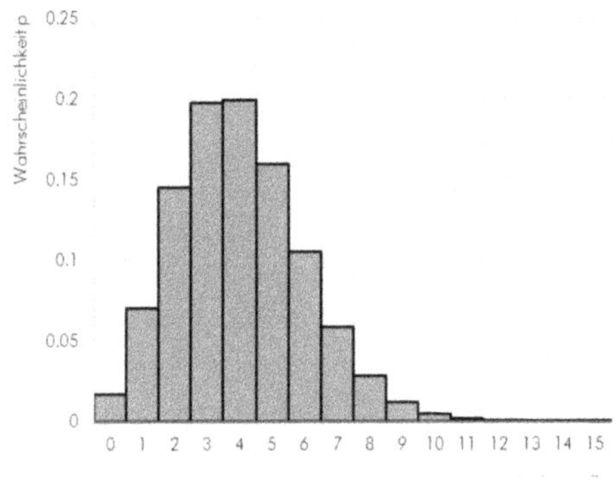

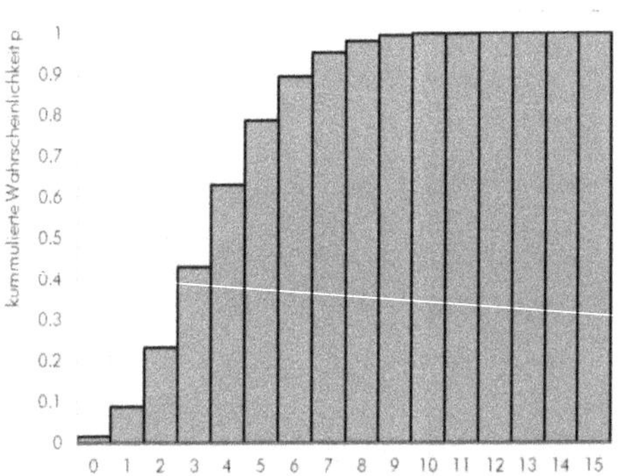

Zweiseitiger Test

Von einer Bevölkerung wird behauptet, dass 10 % die Blutgruppe B haben. Es soll überprüft werden, ob diese Behauptung zutrifft oder nicht. Dazu werden 100 Personen untersucht. Man findet 19 mit der Blutgruppe B. Wie wird bei einem Signifikanzniveau von 5 % entschieden?

- Die Hypothesen lauten:
  H_0: $p = 0.1$, H_1: $p \neq 0.1$

- Stichprobenumfang: $n = 100$;
  Signifikanzniveau: $\alpha = 0.05$.

- X: Anzahl der Personen von 100, welche die Blutgruppe B haben. X ist bei wahrer Nullhypothese binomialverteilt.

Mit der Binomialverteilung (und einer Tabelle oder einem Programm wie EXCEL) können wir berechnen: $P(x \leq 4) = 0.0237 = 2.37$ % und $P(x \geq 17) = 0.0206 = 2.06$ %. Damit kennen wir den Ablehnungsbereich K der Nullhypothese: $K = \{0, \ldots, 4\} \cup \{17, \ldots, 100\}$.

Da das empirische Ergebnis $x=19$ in K liegt, wird die Nullhypothese verworfen. Man entscheidet sich also dafür, dass keine 10 % der Bevölkerung die Blutgruppe B hat. Dabei nimmt man in Kauf, dass man in rund 5 % aller Untersuchungen von Gruppen mit 100 Personen, bei denen der Anteil mit der Blutgruppe B doch 10 % ist, falsch entscheidet.

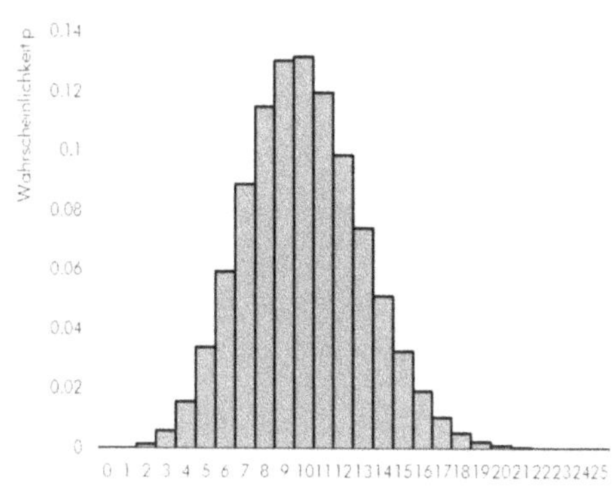

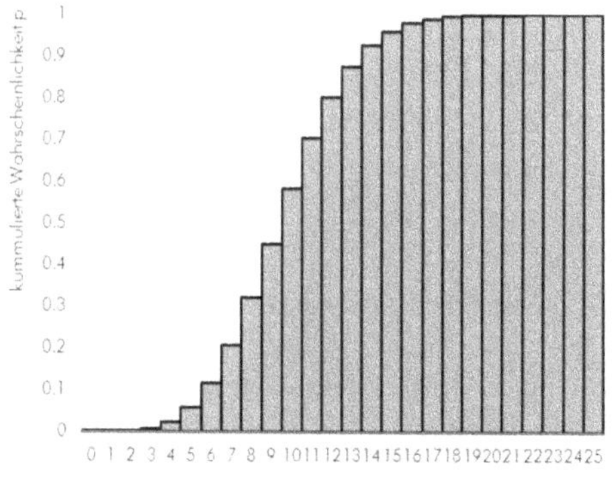

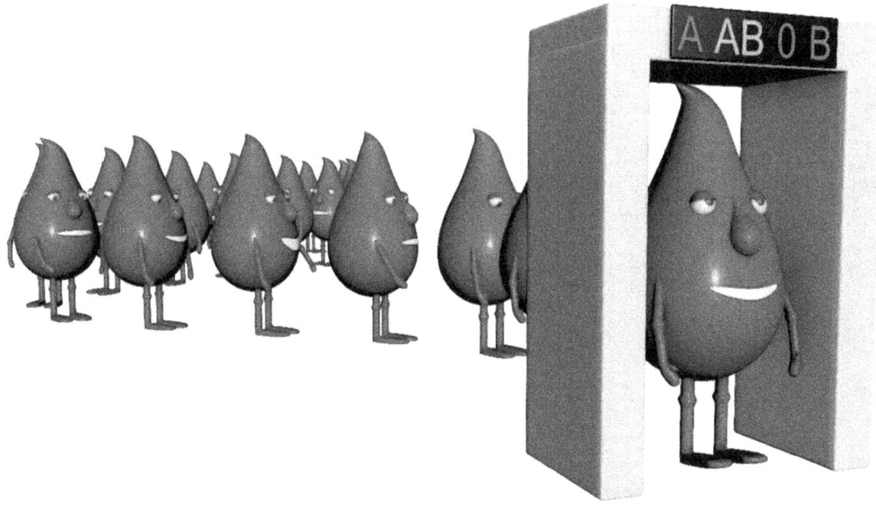

Aufgabe 66: Gib in den folgenden Situationen Nullhypothese und Gegenhypothese an. Um welche Art von Signifikanztest handelt es sich in den jeweiligen Situationen?

a) Zur Überprüfung, ob der Ausschussanteil bei der Herstellung eines Massenartikels höchstens 1 % beträgt, werden 100 Artikel ausgewählt und genau kontrolliert.

b) Bei der automatischen Abfüllung von Zucker soll mindestens 95 % aller Packungen ein Füllgewicht von 1000 g und mehr haben. Es werden 100 Packungen ausgewogen.

c) Zur Überprüfung, ob Jungen- und Mädchengeburten gleich häufig sind, werden 500 Geburten im Geburtsregister einer Klinik ausgewertet.

Aufgabe 67: Jemand behauptet von sich, bei schwangeren Frauen durch Augendiagnose in mindestens 80 % aller Fälle das Geschlecht des Kindes vorhersagen zu können. Bei den darauffolgenden 25 Diagnosen trifft die Vorhersage in 14 Fällen zu. Wird durch dieses Versuchsergebnis die Behauptung mit einer Irrtumswahrscheinlichkeit von 5 % widerlegt?

Aufgabe 68: Eine Arzneimittelfirma bietet zur Behandlung einer bestimmten Tierkrankheit ein Präparat an, dass angeblich bei mindestens 75 % der behandelten Tiere zur Heilung führt. Bei einer Überprüfung werden von 20 behandelten Tieren 14 geheilt. Lässt sich daraus mit einer Irrtumswahrscheinlichkeit von 5 % ein Widerspruch gegen die Behauptung der Firma herleiten?

Aufgabe 69: Eine Person behauptet, hellseherische Fähigkeiten zu haben. Um die Aussage zu überprüfen, wird 1000-mal gewürfelt, und die Person muss die richtige Augenzahl vorhersagen. Die Person macht 185 richtige Vorhersagen. Können wir mit einer Wahrscheinlichkeit von 99.5 % ausschliessen, dass es sich um ein zufälliges Ergebnis handelt, das heisst, dass die Person keine hellseherischen Fähigkeiten besitzt?

Aufgabe 70: Eine Fernsehserie hatte im letzten Jahr eine mittlere Einschaltquote von 10 %. Das Management des Senders vermutet, dass die Beliebtheit der Serie im letzten Quartal des Vorjahres sogar etwas zugenommen hat. Weitere Serien sollen dazugekauft werden, wenn die Beliebtheit der Sendung mindestens gleichgeblieben ist. Dazu sollen 200 Personen mittels einer Telefonaktion befragt werden, ob ihnen die Sendung gefällt oder nicht. Man ist sich auch der Zufälligkeit von Stichprobenergebnissen bewusst und gibt sich mit einer Sicherheit von mindestens 95 % des Befragungsergebnisses zufrieden. Bestimme den Annahme- und Ablehnungsbereich. 30 Personen sind mit der Sendung zufrieden. Hat sich die Beliebtheit der Sendung also verbessert?

Aufgabe 71: Jemand hat den Verdacht, dass bei einer bestimmten Münze Kopf und Zahl nicht die gleiche Wahrscheinlichkeit haben. Man will zur Probe eine Münze 20-mal werfen und zählt die Anzahl Kopf. Gib den Ablehnungs- und den Annahmebereich für $\alpha = 5$ % bei diesem Experiment an. Es erscheint 14-mal Kopf. Ist die Münze regulär oder nicht?

Aufgabe 72: Nun führst Du den Test der vorhergehende Aufgabe 200-mal durch. Es erscheint 110-mal Kopf.

Aufgabe 73: Du spielst ein Würfelspiel. Du und Dein Gegner würfeln. Wer eine 6 wirft, hat
gewonnen. Du gehst davon aus, dass Dein Gegner ehrlich spielt (Nullhypothese).

a) Nun wirft Dein Gegner jedoch von Anfang an, mehrere Sechser in einer Reihe. Nach wie
    vielen Würfen nimmst Du an, dass er betrügt? Schätze.

b) Nach wie vielen Würfen kann die Nullhypothese verworfen werden und signifikant
    ausgesagt werden, dass Dein Gegner nicht ehrlich spielt? Nimm das in vielen
    Wissenschaften übliche Signifikanzkriterium von 5 %. Berechne dazu die
    Wahrscheinlichkeit für 1 Sechser, 2 Sechser und 3 Sechser in Folge.

In dieser Tabelle sind die Werte $P_S(x_0)$ der Standard-Normalverteilung aufgeführt.

z	0	1	2	3	4	5	6	7	8	9
0.0...	0.50000	0.50399	0.50798	0.51197	0.51595	0.51994	0.52392	0.52790	0.53188	0.53586
0.1...	0.53983	0.54380	0.54776	0.55172	0.55567	0.55962	0.56356	0.56749	0.57142	0.57535
0.2...	0.57926	0.58317	0.58706	0.59095	0.59483	0.59871	0.60257	0.60642	0.61026	0.61409
0.3...	0.61791	0.62172	0.62552	0.62930	0.63307	0.63683	0.64058	0.64431	0.64803	0.65173
0.4...	0.65542	0.65910	0.66276	0.66640	0.67003	0.67364	0.67724	0.68082	0.68439	0.68793
0.5...	0.69146	0.69497	0.69847	0.70194	0.70540	0.70884	0.71226	0.71566	0.71904	0.72240
0.6...	0.72575	0.72907	0.73237	0.73565	0.73891	0.74215	0.74537	0.74857	0.75175	0.75490
0.7...	0.75804	0.76115	0.76424	0.76730	0.77035	0.77337	0.77637	0.77935	0.78230	0.78524
0.8...	0.78814	0.79103	0.79389	0.79673	0.79955	0.80234	0.80511	0.80785	0.81057	0.81327
0.9...	0.81594	0.81859	0.82121	0.82381	0.82639	0.82894	0.83147	0.83398	0.83646	0.83891
1.0...	0.84134	0.84375	0.84614	0.84849	0.85083	0.85314	0.85543	0.85769	0.85993	0.86214
1.1...	0.86433	0.86650	0.86864	0.87076	0.87286	0.87493	0.87698	0.87900	0.88100	0.88298
1.2...	0.88493	0.88686	0.88877	0.89065	0.89251	0.89435	0.89617	0.89796	0.89973	0.90147
1.3...	0.90320	0.90490	0.90658	0.90824	0.90988	0.91149	0.91309	0.91466	0.91621	0.91774
1.4...	0.91924	0.92073	0.92220	0.92364	0.92507	0.92647	0.92785	0.92922	0.93056	0.93189
1.5...	0.93319	0.93448	0.93574	0.93699	0.93822	0.93943	0.94062	0.94179	0.94295	0.94408
1.6...	0.94520	0.94630	0.94738	0.94845	0.94950	0.95053	0.95154	0.95254	0.95352	0.95449
1.7...	0.95543	0.95637	0.95728	0.95818	0.95907	0.95994	0.96080	0.96164	0.96246	0.96327
1.8...	0.96407	0.96485	0.96562	0.96638	0.96712	0.96784	0.96856	0.96926	0.96995	0.97062
1.9...	0.97128	0.97193	0.97257	0.97320	0.97381	0.97441	0.97500	0.97558	0.97615	0.97670
2.0...	0.97725	0.97778	0.97831	0.97882	0.97932	0.97982	0.98030	0.98077	0.98124	0.98169
2.1...	0.98214	0.98257	0.98300	0.98341	0.98382	0.98422	0.98461	0.98500	0.98537	0.98574
2.2...	0.98610	0.98645	0.98679	0.98713	0.98745	0.98778	0.98809	0.98840	0.98870	0.98899
2.3...	0.98928	0.98956	0.98983	0.99010	0.99036	0.99061	0.99086	0.99111	0.99134	0.99158
2.4...	0.99180	0.99202	0.99224	0.99245	0.99266	0.99286	0.99305	0.99324	0.99343	0.99361
2.5...	0.99379	0.99396	0.99413	0.99430	0.99446	0.99461	0.99477	0.99492	0.99506	0.99520
2.6...	0.99534	0.99547	0.99560	0.99573	0.99585	0.99598	0.99609	0.99621	0.99632	0.99643
2.7...	0.99653	0.99664	0.99674	0.99683	0.99693	0.99702	0.99711	0.99720	0.99728	0.99736
2.8...	0.99744	0.99752	0.99760	0.99767	0.99774	0.99781	0.99788	0.99795	0.99801	0.99807
2.9...	0.99813	0.99819	0.99825	0.99831	0.99836	0.99841	0.99846	0.99851	0.99856	0.99861
3.0...	0.99865	0.99869	0.99874	0.99878	0.99882	0.99886	0.99889	0.99893	0.99896	0.99900
3.1...	0.99903	0.99906	0.99910	0.99913	0.99916	0.99918	0.99921	0.99924	0.99926	0.99929
3.2...	0.99931	0.99934	0.99936	0.99938	0.99940	0.99942	0.99944	0.99946	0.99948	0.99950
3.3...	0.99952	0.99953	0.99955	0.99957	0.99958	0.99960	0.99961	0.99962	0.99964	0.99965
3.4...	0.99966	0.99968	0.99969	0.99970	0.99971	0.99972	0.99973	0.99974	0.99975	0.99976
3.5...	0.99977	0.99978	0.99978	0.99979	0.99980	0.99981	0.99981	0.99982	0.99983	0.99983
3.6...	0.99984	0.99985	0.99985	0.99986	0.99986	0.99987	0.99987	0.99988	0.99988	0.99989
3.7...	0.99989	0.99990	0.99990	0.99990	0.99991	0.99991	0.99992	0.99992	0.99992	0.99992
3.8...	0.99993	0.99993	0.99993	0.99994	0.99994	0.99994	0.99994	0.99995	0.99995	0.99995
3.9...	0.99995	0.99995	0.99996	0.99996	0.99996	0.99996	0.99996	0.99996	0.99997	0.99997
4.0...	0.99997	0.99997	0.99997	0.99997	0.99997	0.99997	0.99998	0.99998	0.99998	0.99998

In dieser Tabelle ist die kumulierte Binomialverteilung aufgeführt. Nicht aufgeführte Werte sind 1.0000. Bei grün unterlegtem Eingang, d.h. $p > 0.5$ gilt: $1 - P(x \leq k)$.

n	k	0.02	0.03	0.05	0.1	1/6	0.2	0.25	0.3	1/3	0.4	0.5	k	n
2	0	0.9604	0.9409	0.9025	0.8100	0.6944	0.6400	0.5625	0.4900	0.4444	0.3600	0.2500	1	2
	1	0.9996	0.9991	0.9975	0.9900	0.9722	0.9600	0.9375	0.9100	0.8889	0.8400	0.7500	0	
3	0	0.9412	0.9127	0.8574	0.7290	0.5787	0.5120	0.4219	0.3430	0.2963	0.2160	0.1250	2	3
	1	0.9988	0.9974	0.9928	0.9720	0.9259	0.8960	0.8438	0.7840	0.7407	0.6480	0.5000	1	
	2			0.9999	0.9990	0.9954	0.9920	0.9844	0.9730	0.9630	0.9360	0.8750	0	
4	0	0.9224	0.8853	0.8145	0.6561	0.4823	0.4096	0.3164	0.2401	0.1975	0.1296	0.0625	3	4
	1	0.9977	0.9948	0.9860	0.9477	0.8681	0.8192	0.7383	0.6517	0.5926	0.4752	0.3125	2	
	2		0.9999	0.9995	0.9963	0.9838	0.9728	0.9492	0.9163	0.8889	0.8208	0.6875	1	
	3				0.9999	0.9992	0.9984	0.9961	0.9919	0.9877	0.9744	0.9375	0	
5	0	0.9039	0.8587	0.7738	0.5905	0.4019	0.3277	0.2373	0.1681	0.1317	0.0778	0.0313	4	5
	1	0.9962	0.9915	0.9774	0.9185	0.8038	0.7373	0.6328	0.5282	0.4609	0.3370	0.1875	3	
	2		0.9997	0.9988	0.9914	0.9645	0.9421	0.8965	0.8369	0.7901	0.6826	0.5000	2	
	3				0.9995	0.9967	0.9933	0.9844	0.9692	0.9547	0.9130	0.8125	1	
	4					0.9999	0.9997	0.9990	0.9976	0.9959	0.9898	0.9688	0	
6	0	0.8858	0.8330	0.7351	0.5314	0.3349	0.2621	0.1780	0.1176	0.0878	0.0467	0.0156	5	6
	1	0.9943	0.9875	0.9672	0.8857	0.7368	0.6554	0.5339	0.4202	0.3512	0.2333	0.1094	4	
	2	0.9998	0.9995	0.9978	0.9842	0.9377	0.9011	0.8306	0.7443	0.6804	0.5443	0.3438	3	
	3				0.9987	0.9913	0.9830	0.9624	0.9295	0.8999	0.8208	0.6563	2	
	4					0.9993	0.9984	0.9954	0.9891	0.9822	0.9590	0.8906	1	
	5							0.9998	0.9993	0.9986	0.9959	0.9844	0	
7	0	0.8681	0.8080	0.6983	0.4783	0.2791	0.2097	0.1335	0.0824	0.0585	0.0280	0.0078	6	7
	1	0.9921	0.9829	0.9556	0.8503	0.6698	0.5767	0.4449	0.3294	0.2634	0.1586	0.0625	5	
	2	0.9997	0.9991	0.9962	0.9743	0.9042	0.8520	0.7564	0.6471	0.5706	0.4199	0.2266	4	
	3			0.9998	0.9973	0.9824	0.9667	0.9294	0.8740	0.8267	0.7102	0.5000	3	
	4				0.9998	0.9980	0.9953	0.9871	0.9712	0.9547	0.9037	0.7734	2	
	5					0.9999	0.9996	0.9987	0.9962	0.9931	0.9812	0.9375	1	
	6								0.9998	0.9995	0.9984	0.9922	0	
8	0	0.8508	0.7837	0.6634	0.4305	0.2326	0.1678	0.1001	0.0576	0.0390	0.0168	0.0039	7	8
	1	0.9897	0.9777	0.9428	0.8131	0.6047	0.5033	0.3671	0.2553	0.1951	0.1064	0.0352	6	
	2	0.9996	0.9987	0.9942	0.9619	0.8652	0.7969	0.6785	0.5518	0.4682	0.3154	0.1445	5	
	3			0.9996	0.9950	0.9693	0.9437	0.8862	0.8059	0.7414	0.5941	0.3633	4	
	4				0.9996	0.9954	0.9896	0.9727	0.9420	0.9121	0.8263	0.6367	3	
	5					0.9996	0.9988	0.9958	0.9887	0.9803	0.9502	0.8555	2	
	6							0.9996	0.9987	0.9974	0.9915	0.9648	1	
	7									0.9998	0.9993	0.9961	0	
9	0	0.8337	0.7602	0.6302	0.3874	0.1938	0.1342	0.0751	0.0404	0.0260	0.0101	0.0020	8	9
	1	0.9869	0.9718	0.9288	0.7748	0.5427	0.4362	0.3003	0.1960	0.1431	0.0705	0.0195	7	
	2	0.9994	0.9980	0.9916	0.9470	0.8217	0.7382	0.6007	0.4628	0.3772	0.2318	0.0898	6	
	3			0.9994	0.9917	0.9520	0.9144	0.8343	0.7297	0.6503	0.4826	0.2539	5	
	4				0.9991	0.9910	0.9804	0.9511	0.9012	0.8552	0.7334	0.5000	4	
	5					0.9989	0.9969	0.9900	0.9747	0.9576	0.9006	0.7461	3	
	6						0.9997	0.9987	0.9957	0.9917	0.9750	0.9102	2	
	7							0.9999	0.9996	0.9990	0.9962	0.9805	1	
	8										0.9997	0.9980	0	
10	0	0.8171	0.7374	0.5987	0.3487	0.1615	0.1074	0.0563	0.0282	0.0173	0.0060	0.0010	9	10
	1	0.9838	0.9655	0.9139	0.7361	0.4845	0.3758	0.2440	0.1493	0.1040	0.0464	0.0107	8	
	2	0.9991	0.9972	0.9885	0.9298	0.7752	0.6778	0.5256	0.3828	0.2991	0.1673	0.0547	7	
	3		0.9999	0.9990	0.9872	0.9303	0.8791	0.7759	0.6496	0.5593	0.3823	0.1719	6	
	4				0.9984	0.9845	0.9672	0.9219	0.8497	0.7869	0.6331	0.3770	5	
	5				0.9999	0.9976	0.9936	0.9803	0.9527	0.9234	0.8338	0.6230	4	
	6					0.9997	0.9991	0.9965	0.9894	0.9803	0.9452	0.8281	3	
	7							0.9996	0.9984	0.9966	0.9877	0.9453	2	
	8								0.9999	0.9996	0.9983	0.9893	1	
	9										0.9999	0.9990	0	
		0.9800	0.9700	0.9500	0.9000	5/6	0.8000	0.7500	0.7000	2/3	0.6000	0.5000	k	n

n	k	0.02	0.03	0.05	0.1	1/6	0.2	0.25	0.3	1/3	0.4	0.5		
11	0	0.8007	0.7153	0.5688	0.3138	0.1346	0.0859	0.0422	0.0198	0.0116	0.0036	0.0005	10	11
	1	0.9805	0.9587	0.8981	0.6974	0.4307	0.3221	0.1971	0.1130	0.0751	0.0302	0.0059	9	
	2	0.9988	0.9963	0.9848	0.9104	0.7268	0.6174	0.4552	0.3127	0.2341	0.1189	0.0327	8	
	3		0.9998	0.9984	0.9815	0.9044	0.8389	0.7133	0.5696	0.4726	0.2963	0.1133	7	
	4			0.9999	0.9972	0.9755	0.9496	0.8854	0.7897	0.7110	0.5328	0.2744	6	
	5				0.9997	0.9954	0.9883	0.9657	0.9218	0.8779	0.7535	0.5000	5	
	6					0.9994	0.9980	0.9924	0.9784	0.9614	0.9006	0.7256	4	
	7						0.9998	0.9988	0.9957	0.9912	0.9707	0.8867	3	
	8							0.9999	0.9994	0.9986	0.9941	0.9673	2	
	9									0.9999	0.9993	0.9941	1	
	10											0.9995	0	
12	0	0.7847	0.6938	0.5404	0.2824	0.1122	0.0687	0.0317	0.0138	0.0077	0.0022	0.0002	11	12
	1	0.9769	0.9514	0.8816	0.6590	0.3813	0.2749	0.1584	0.0850	0.0540	0.0196	0.0032	10	
	2	0.9985	0.9952	0.9804	0.8891	0.6774	0.5583	0.3907	0.2528	0.1811	0.0834	0.0193	9	
	3		0.9997	0.9978	0.9744	0.8748	0.7946	0.6488	0.4925	0.3931	0.2253	0.0730	8	
	4			0.9998	0.9957	0.9636	0.9274	0.8424	0.7237	0.6315	0.4382	0.1938	7	
	5				0.9995	0.9921	0.9806	0.9456	0.8822	0.8223	0.6652	0.3872	6	
	6					0.9987	0.9961	0.9857	0.9614	0.9336	0.8418	0.6128	5	
	7					0.9998	0.9994	0.9972	0.9905	0.9812	0.9427	0.8062	4	
	8							0.9996	0.9983	0.9961	0.9847	0.9270	3	
	9								0.9998	0.9995	0.9972	0.9807	2	
	10										0.9997	0.9968	1	
	11											0.9998	0	
15	0	0.7386	0.6333	0.4633	0.2059	0.0649	0.0352	0.0134	0.0047	0.0023	0.0005	0.0000	14	15
	1	0.9647	0.9270	0.8290	0.5490	0.2596	0.1671	0.0802	0.0353	0.0194	0.0052	0.0005	13	
	2	0.9970	0.9906	0.9638	0.8159	0.5322	0.3980	0.2361	0.1268	0.0794	0.0271	0.0037	12	
	3	0.9998	0.9992	0.9945	0.9444	0.7685	0.6482	0.4613	0.2969	0.2092	0.0905	0.0176	11	
	4			0.9994	0.9873	0.9102	0.8358	0.6865	0.5155	0.4041	0.2173	0.0592	10	
	5				0.9978	0.9726	0.9389	0.8516	0.7216	0.6184	0.4032	0.1509	9	
	6				0.9997	0.9934	0.9819	0.9434	0.8689	0.7970	0.6098	0.3036	8	
	7					0.9987	0.9958	0.9827	0.9500	0.9118	0.7869	0.5000	7	
	8					0.9998	0.9992	0.9958	0.9848	0.9692	0.9050	0.6964	6	
	9						0.9999	0.9992	0.9963	0.9915	0.9662	0.8491	5	
	10							0.9999	0.9993	0.9982	0.9907	0.9408	4	
	11								0.9997	0.9981	0.9824		3	
	12									0.9997	0.9963		2	
	13										0.9995		1	
20	0	0.6676	0.5438	0.3585	0.1216	0.0261	0.0115	0.0032	0.0008	0.0003	0.0000	0.0000	19	20
	1	0.9401	0.8802	0.7358	0.3917	0.1304	0.0692	0.0243	0.0076	0.0033	0.0005	0.0000	18	
	2	0.9929	0.9790	0.9245	0.6769	0.3287	0.2061	0.0913	0.0355	0.0176	0.0036	0.0002	17	
	3	0.9994	0.9973	0.9841	0.8670	0.5665	0.4114	0.2252	0.1071	0.0604	0.0160	0.0013	16	
	4		0.9997	0.9974	0.9568	0.7687	0.6296	0.4148	0.2375	0.1515	0.0510	0.0059	15	
	5			0.9997	0.9887	0.8982	0.8042	0.6172	0.4164	0.2972	0.1256	0.0207	14	
	6				0.9976	0.9629	0.9133	0.7858	0.6080	0.4793	0.2500	0.0577	13	
	7				0.9996	0.9887	0.9679	0.8982	0.7723	0.6615	0.4159	0.1316	12	
	8					0.9972	0.9900	0.9591	0.8867	0.8095	0.5956	0.2517	11	
	9					0.9994	0.9974	0.9861	0.9520	0.9081	0.7553	0.4119	10	
	10					0.9999	0.9994	0.9961	0.9829	0.9624	0.8725	0.5881	9	
	11						0.9999	0.9991	0.9949	0.9870	0.9435	0.7483	8	
	12							0.9998	0.9987	0.9963	0.9790	0.8684	7	
	13								0.9997	0.9991	0.9935	0.9423	6	
	14									0.9998	0.9984	0.9793	5	
	15										0.9997	0.9941	4	
	16											0.9987	3	
	17											0.9998	2	
		0.9800	0.9700	0.9500	0.9000	5/6	0.8000	0.7500	0.7000	2/3	0.6000	0.5000	k	n

n	k	0.02	0.03	0.05	0.1	1/6	0.2	0.25	0.3	1/3	0.4	0.5	k	n
25	0	0.6035	0.4670	0.2774	0.0718	0.0105	0.0038	0.0008	0.0001	0.0000	0.0000	0.0000	24	25
	1	0.9114	0.8280	0.6424	0.2712	0.0629	0.0274	0.0070	0.0016	0.0005	0.0001	0.0000	23	
	2	0.9868	0.9620	0.8729	0.5371	0.1887	0.0982	0.0321	0.0090	0.0035	0.0004	0.0000	22	
	3	0.9986	0.9938	0.9659	0.7636	0.3816	0.2340	0.0962	0.0332	0.0149	0.0024	0.0001	21	
	4	0.9999	0.9992	0.9928	0.9020	0.5937	0.4207	0.2137	0.0905	0.0462	0.0095	0.0005	20	
	5			0.9988	0.9666	0.7720	0.6167	0.3783	0.1935	0.1120	0.0294	0.0020	19	
	6			0.9998	0.9905	0.8908	0.7800	0.5611	0.3407	0.2215	0.0736	0.0073	18	
	7				0.9977	0.9553	0.8909	0.7265	0.5118	0.3703	0.1536	0.0216	17	
	8				0.9995	0.9843	0.9532	0.8506	0.6769	0.5376	0.2735	0.0539	16	
	9					0.9953	0.9827	0.9287	0.8106	0.6956	0.4246	0.1148	15	
	10					0.9988	0.9944	0.9703	0.9022	0.8220	0.5858	0.2122	14	
	11					0.9997	0.9985	0.9893	0.9558	0.9082	0.7323	0.3450	13	
	12						0.9996	0.9966	0.9825	0.9585	0.8462	0.5000	12	
	13							0.9991	0.9940	0.9836	0.9222	0.6550	11	
	14							0.9998	0.9982	0.9944	0.9656	0.7878	10	
	15								0.9995	0.9984	0.9868	0.8852	9	
	16									0.9996	0.9957	0.9461	8	
	17										0.9988	0.9784	7	
	18										0.9997	0.9927	6	
	19											0.9980	5	
	20											0.9995	4	
30	0	0.5455	0.4010	0.2146	0.0424	0.0042	0.0012	0.0002	0.0000	0.0000	0.0000	0.0000	24	25
	1	0.8795	0.7731	0.5535	0.1837	0.0295	0.0105	0.0020	0.0003	0.0001	0.0000	0.0000	23	
	2	0.9783	0.9399	0.8122	0.4114	0.1028	0.0442	0.0106	0.0021	0.0007	0.0000	0.0000	22	
	3	0.9971	0.9881	0.9392	0.6474	0.2396	0.1227	0.0374	0.0093	0.0033	0.0003	0.0000	21	
	4	0.9997	0.9982	0.9844	0.8245	0.4243	0.2552	0.0979	0.0302	0.0122	0.0015	0.0000	20	
	5		0.9998	0.9967	0.9268	0.6164	0.4275	0.2026	0.0766	0.0355	0.0057	0.0002	19	
	6			0.9994	0.9742	0.7765	0.6070	0.3481	0.1595	0.0838	0.0172	0.0007	18	
	7				0.9922	0.8863	0.7608	0.5143	0.2814	0.1668	0.0435	0.0026	17	
	8				0.9980	0.9494	0.8713	0.6736	0.4315	0.2860	0.0940	0.0081	16	
	9				0.9995	0.9803	0.9389	0.8034	0.5888	0.4317	0.1763	0.0214	15	
	10					0.9933	0.9744	0.8943	0.7304	0.5848	0.2915	0.0494	14	
	11					0.9980	0.9905	0.9493	0.8407	0.7239	0.4311	0.1002	13	
	12					0.9995	0.9969	0.9784	0.9155	0.8340	0.5785	0.1808	12	
	13					0.9999	0.9991	0.9918	0.9599	0.9102	0.7145	0.2923	11	
	14						0.9998	0.9973	0.9831	0.9565	0.8246	0.4278	10	
	15							0.9992	0.9936	0.9812	0.9029	0.5722	9	
	16							0.9998	0.9979	0.9928	0.9519	0.7077	8	
	17								0.9994	0.9975	0.9788	0.8192	7	
	18								0.9998	0.9993	0.9917	0.8998	6	
	19									0.9998	0.9971	0.9506	5	
	20										0.9991	0.9786	4	
	21										0.9998	0.9919	3	
	22											0.9974	2	
	23											0.9993	1	
	24											0.9998	0	
		0.9800	0.9700	0.9500	0.9000	5/6	0.8000	0.7500	0.7000	2/3	0.6000	0.5000	k	n

Lösungen

1. $\Omega = \{Z1, Z2, Z3, Z4, Z5, Z6,$
   $\qquad K1, K2, K3, K4, K5, K6\}$
   a) $A = \{K2, K4, K6\}$
   b) $B = \{Z2, Z3, Z5, K2, K3, K5\}$
   c) $C = \{Z1, Z3, Z5\}$
   d) $A \cup B = \{Z2, Z3, Z5, K2, K3, K4, K5, K6\}$
   e) $B \cap C = \{Z3, Z5\}$
   f) $B \backslash (A \cup C) = \{Z2, K3, K5\}$
   g) $A \cap C = \{\}$

2. a) $\Omega = \{(KKK), (KKZ), (KZK), (KZZ), (ZKK), (ZKZ),$
      $\qquad (ZZK), (ZZZ)\}$
   b) $A = \{(KKZ), (KZK), (ZKK)\}$
      $B = \{(ZZZ)\}$
      $C = \{(KKZ), (KZK), (KZZ), (ZKK), (ZKZ), (ZZK)\}$
   c) $A \cup B = \{(KKZ), (KZK), (ZKK), (ZZZ)\}$
      $A \cap_{\varepsilon} = \{\ \}$
      $\overline{(A \cup B)} = \{(KKK), (KZZ), (ZKZ), (ZZK)\}$

3. a) $\Omega = \{1, 2, 3, 4, 5, 6, 7, 8...\} = \mathbb{N}$
   b) $A = \{1, 2, 3, 4, 5\}$
   c) Die Mächtigkeit der Ergebnismenge bei
      dieser Aufgabe ist unendlich, bei der vorherigen
      Aufgabe ist sie endlich.

4. ca. 0.5

5. linkes Rad: $P(1) = 0.25$, $P(2) = 25\,\%$, $P(3) = {}^1/_2$
   rechtes Rad: $P(1) = P(2) = P(3) = {}^1/_3$
   Das rechte Rad ist ein Laplace-Rad.

6. a) Tabelle (Rot $\rightarrow$, Schwarz $\downarrow$)

	1	2	3	4
1	11	21	31	41
2	12	22	32	42
3	13	23	33	43
4	14	24	34	44

   b) $p = {}^1/_2$ c) $p = {}^3/_4$
   d) $p = {}^3/_4$ e) $p = {}^1/_4$
   f) $p = 1$ (sicheres Ereignis)
   g) $p = 0$ (unmögliches Ereignis)

7. a) $p = {}^1/_3$ b) $p = {}^1/_2$
   c) $p = {}^2/_3$ d) $p = {}^5/_6$
   e) $p = {}^1/_9$ f) $p = {}^5/_9$
   g) $p = {}^5/_6$

8. a) $p = {}^{260}/_{500} = 52\,\%$
   b) $p = {}^{22}/_{500} = 4.4\,\%$
   c) $p = {}^3/_{22} = 13.6\,\%$
   d) $p = {}^{19}/_{240} = 7.9\,\%$

9. a) $p = {}^{55}/_{200} = 27.5\,\%$
   b) $p = {}^{25}/_{110} \approx 22.7\,\%$
   c) $p = {}^{90}/_{200} = 45\,\%$
   d) $p = {}^{30}/_{55} \approx 54.5\,\%$

10. a) $p = {}^1/_2$
    b) $p = {}^1/_2 \cdot {}^1/_6 = {}^1/_{12}$
    c) $p = {}^1/_2 \cdot {}^2/_6 = {}^1/_6$
    d) $p = {}^1/_6 + {}^1/_2 = {}^2/_3$
    e) $p = {}^1/_2 \cdot {}^1/_6 + {}^1/_2 \cdot {}^1/_6 = {}^1/_6$
    f) $p = {}^1/_2 + {}^1/_2 - {}^3/_{12} = {}^9/_{12} = {}^3/_4$
    g) $p = 1 - {}^1/_6 = {}^5/_6$
    h) $p = 1$
    i) $p = {}^3/_6 = {}^1/_2$
    k) $p = {}^2/_3$
    l) $p = 0$

11. a) $p = {}^1/_4 = 25\,\%$
    b) $p = {}^3/_4 = 75\,\%$
    c) $p = {}^1/_{16} = 6.25\,\%$
    d) $p = {}^7/_{16} = 43.75\,\%$

12. a) $p \approx 24.286\,\%$
    b) $p \approx 75.714\,\%$
    c) $p \approx 5.714\,\%$
    d) $p \approx 44.286\,\%$

13. a) $p = {}^{24}/_{220} = 10.9\,\%$
    b) $p = {}^{148}/_{220} = 67.3\,\%$

14. a) $p = {}^{2100}/_{5005} \approx 41.96\,\%$
    b) $p_0 = {}^{210}/_{5005} \approx 4.20\,\%$
       $p_1 = {}^{1260}/_{5005} \approx 25.17\,\%$
       $p_2 = {}^{2100}/_{5005} \approx 41.96\,\%$
       $p_3 = {}^{1200}/_{5005} \approx 23.98\,\%$
       $p_4 = {}^{225}/_{5005} \approx 4.50\,\%$
       $p_5 = {}^{10}/_{5005} \approx 0.20\,\%$

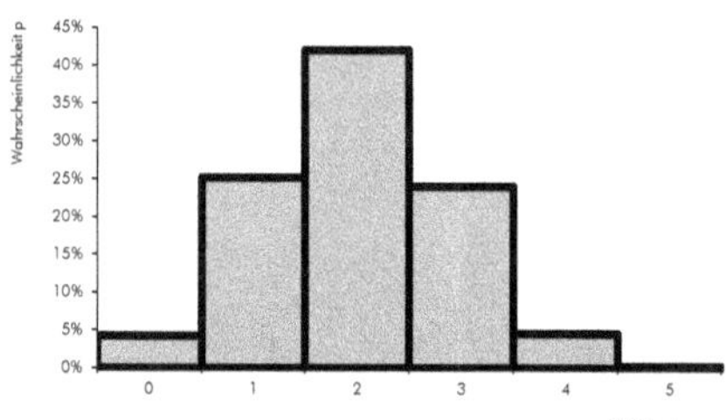

15. $p_0 = 72.40\,\%$
    $p_1 = 25.26\,\%$
    $p_2 = 2.30\,\%$
    $p_3 = 0.05\,\%$

16. a) ${}^1/_3$
    b) ${}^1/_2$

17. ${}^1/_{36} = 2.8\,\%$

18. $54\,\%$

19. ${}^{11}/_{48} = 22.9\,\%$

20. 44

21. $54.54\,\%$

22. $4.6\,\%$

23. Es ist besser zu wechseln.

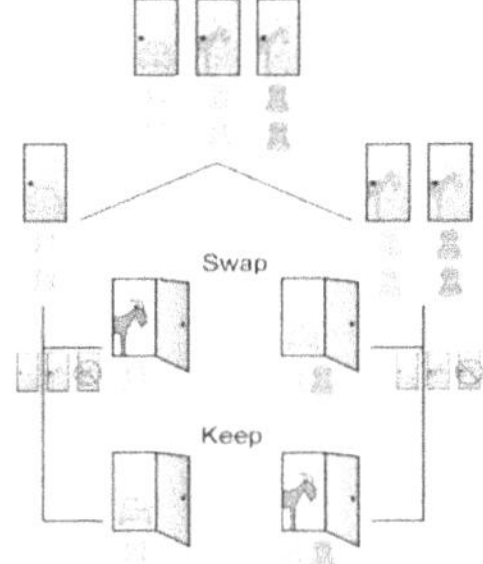

24. a) $87\% = 0.87 = 0.57 + 0.3$
    b) 34.48%
    c) $5\%, 75\%, 25\%, 65.52\%, 23.08\%, 76.92\%$
    e) ja

25. $22.58\%, 23.53\%, 76.47\%, 46.67\%, 52\%$

26. a) 0 b) 100%

27. a) 25% b) 14.29%

28. a) 40% b) 28.6% c) 50%

29. a) 10.14% b) 0.03%

30. 90.91%

31. 29.41%

32. a) 50% b) 1.43%

33. z.B.: $P(A \cap F) = 0.1937 \approx P(A) \cdot P(F) = 0.1932$
    Die Verteilung der Blutgruppen ist vom Geschlecht
    unabhängig.

34. $P(2) = P(12) = {}^1/_{36}$
    $P(3) = P(11) = {}^2/_{36} = {}^1/_{18}$
    $P(4) = P(10) = {}^3/_{36} = {}^1/_{12}$
    $P(5) = P(9) = {}^4/_{36} = {}^1/_9$
    $P(6) = P(8) = {}^5/_{36}$
    $P(7) = {}^6/_{36} = {}^1/_6$
    a) $P(x = 5) = 11.11\%$

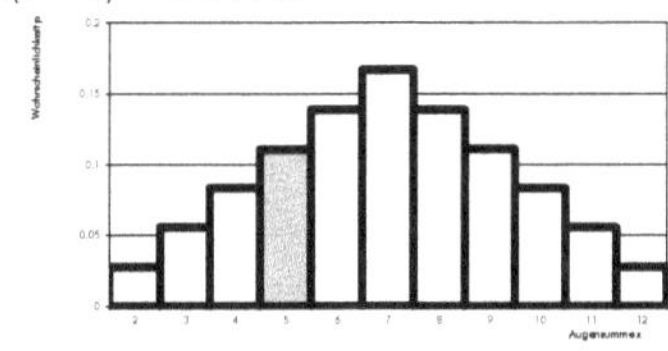

    b) $P(2 \leq x \leq 9) = 83.33\%$

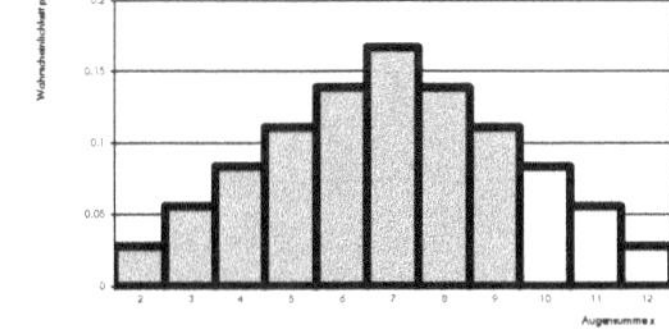

    c) $P(2 \leq x \leq 12) = 100\%$

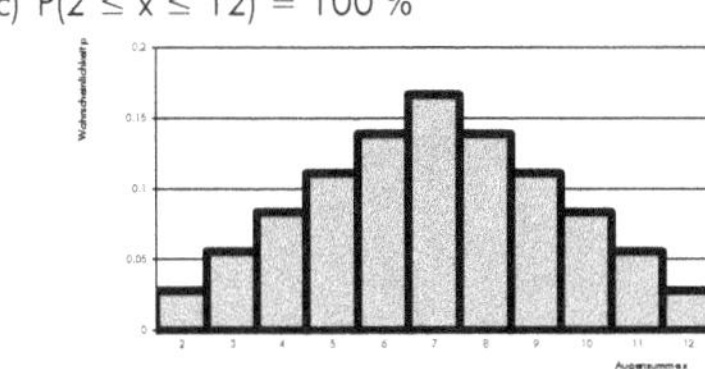

35. a) Aufg. 14: Die Zufallsgrösse ordnet einer
       Stichprobe von 6 Autofahrern die Anzahl der
       Autofahrer mit nicht deklarierter Ware zu.
       Aufg. 15: X ordnet einer Stichprobe von
       3 Glühbirnen die Anzahl der defekten
       Glühbirnen in der Stichprobe zu.
    b) Aufg. 14: $x \in \{0, 1, 2, 3, 4, 5\}$
       Aufg. 15: $x \in \{0, 1, 2, 3\}$

36. a) Hier die gesuchte Tabelle:

x	0	1	2	3
p	21.6 %	43.2 %	28.8 %	6.4 %

    b) und auch die Graphik:

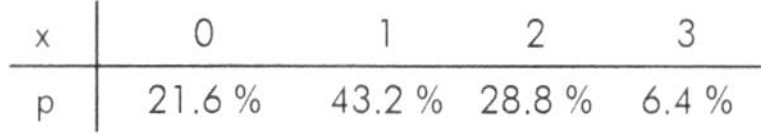

    c) $P(2) = 28.8\%$
       $P(1 \leq x \leq 3) = 78.4\%$

37. a) Hier die gewünschte Tabelle:

x	0	1	2	3
p	${}^1/_6$	${}^1/_2$	${}^3/_{10}$	${}^1/_{30}$

    b) und auch die Graphik:

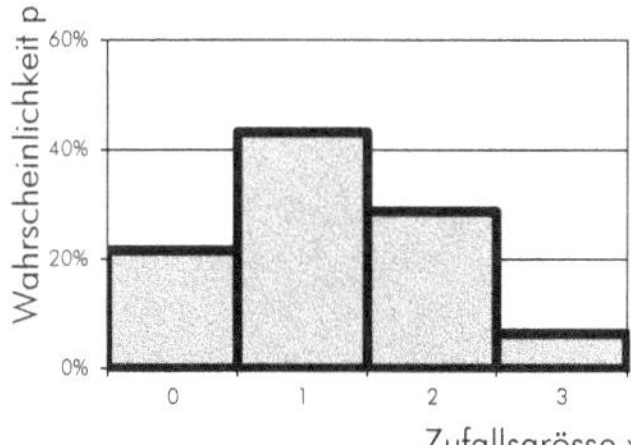

    c) $P(2) = {}^3/_{10}$
       $P(1 \leq x \leq 3) = {}^5/_6$

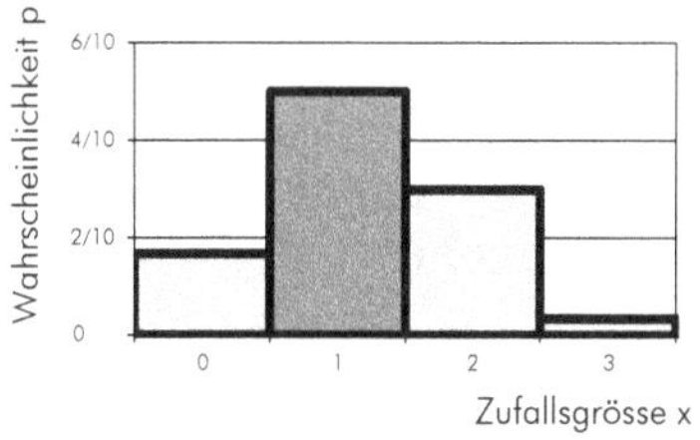

38. a) $P(M=0) = {}^1/_{16}$ $P(M=1) = {}^3/_{16}$
       $P(M=2) = {}^5/_{16}$ $P(M=3) = {}^7/_{16}$
    b) $P(S=0) = P(S=6) = {}^1/_{16}$ $P(S=1) = P(S=5) = {}^2/_{16}$
       $P(S=2) = P(S=4) = {}^3/_{16}$ $P(S=3) = {}^4/_{16}$

39. $P(0) = {}^1/_{27}$ $P(1) = {}^{10}/_{27}$
    $P(2) = {}^8/_{27}$ $P(3) = {}^8/_{27}$

40. $P(1) = {}^1/_4$ $P(2) = {}^1/_4$
    $P(3) = {}^1/_4$ $P(4) = {}^1/_4$

41. $P(-1) = \left(\frac{5}{6}\right)^3 = 57.87\%$

    $P(1) = 3 \cdot \left(\frac{5}{6}\right)^2 \cdot \left(\frac{1}{6}\right) = 34.72\%$

    $P(2) = 3 \cdot \left(\frac{5}{6}\right) \cdot \left(\frac{1}{6}\right)^2 = 6.94\%$

    $P(3) = \left(\frac{1}{6}\right)^3 = 0.46\%$

    $\mu = -0.0787$ Fr
    Das Spiel lohnt sich für die Spielerin nicht.

42. Nein, Roulette ist nicht fair. Der Erwartungswert ist nicht null, dies wegen der grünen Null (manchmal auch noch einer grünen Doppelnull).

43. $\mu = 3$ Rappen.
    Das Spiel lohnt sich für den Spieler.
    Das Spiel ist nicht fair.

44. $\mu = 7$ $\sigma^2 = 5.83$ $\sigma = 2.42$

45. 38a) $\mu = 2.125$ $\sigma^2 = 0.859$ $\sigma = 0.927$
    38b) $\mu = 3$ $\sigma^2 = 2.50$ $\sigma = 1.581$
    39) $\mu = 1.852$ $\sigma^2 = 0.793$ $\sigma = 0.890$
    40) $\mu = 2.500$ $\sigma^2 = 1.250$ $\sigma = 1.118$

46. $P(0) = 0.130$ $P(1) = 0.346$
    $P(2) = 0.346$ $P(3) = 0.154$
    $P(4) = 0.026$
    $\mu = 1.60$ $\sigma^2 = 0.96$ $\sigma = 0.98$

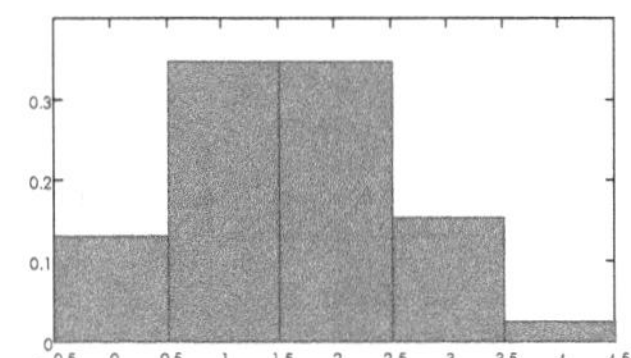

47. a) $p_1 = p_2 = \ldots = p_{20} = 5\,\%$
    b) $\mu = 10.5$ $\sigma = 5.77$
    c) $p = 15\,\%$
    d) $\mu - \sigma = 5$ $\mu + \sigma = 16$
        $p_{\mu \pm \sigma} = 60\,\%$

48. $P(2) = \binom{10}{2} \cdot 0.06^2 \cdot 0.94^{10-2} \approx 9.88\,\%$

49. a) Verteilung:

k	p [%]
0	19.69%
1	34.74%
2	27.59%
3	12.98%
4	4.010%
5	0.8491%
6	0.1249%
7	0.01259%
8	0.0008333%
9	0.00003268%
10	0.000000577%

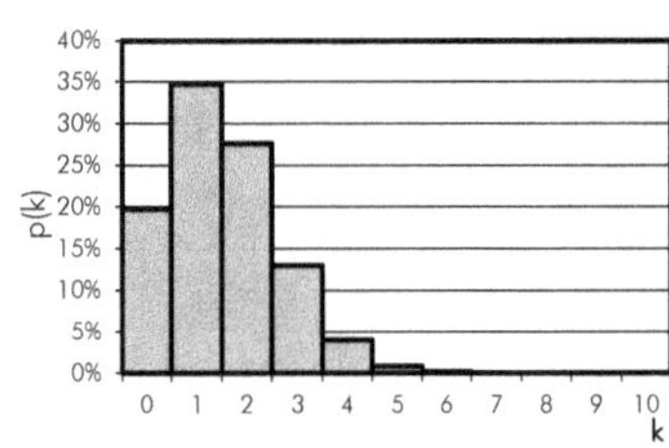

    b) $E = 1.5$
    c) $\sigma = 1.129$
    d) $P(k=4) = 4.01\,\%$
    e) $P(k>5) = P(k \geq 6) = 0.138\,\%$
    f) $P(0 \leq k \leq 3) = 95.0\,\%$
    g) $P(1 \leq k \leq 2) = 62.3\,\%$

50. $P = 1.36\,\%$

51. $P = 37.5\,\%$

52. $P = 0.423\,\%$

53. a) $P = 13.3\,\%$ b) $P = 79.5\,\%$ c) $P = 20.5\,\%$

54. a) $9.1\,\%$ b) $61.0\,\%$ c) $20.7\,\%$
    d) $3.4\,\%$ e) $81.4\,\%$ f) $77.4\,\%$

55. $P_S(1) = 84.134\,\%$ $P_S(2) = 97.725\,\%$
    $P_S(0) = 50.000\,\%$ $P_S(3.34) = 99.958\,\%$
    $P_S(-2) = 2.275\,\%$ $P_S(\infty) = 100\,\%$
    $P_S(-\infty) = 0\,\%$

56. a) 0.9484 b) 0.4641 c) 0.0006
    d) 2.06 e) -1.96 f) -0.38

57. a) $62.930\,\%$ b) $9.012\,\%$ c) $25.143\,\%$
    d) $0.000\,\%$ e) $47.064\,\%$

58. a) $81.859\,\%$ b) $53.280\,\%$ c) $68.525\,\%$

59. $P_{\mu \pm \sigma} = 68.2\,\%$ (Faustregel: ca. $^2/_3$)
    $P_{\mu \pm 2\sigma} = 95.4\,\%$ (Faustregel: ca. $95\,\%$)
    $P_{\mu \pm 3\sigma} = 99.6\,\%$ (Faustregel: deutlich über $99\,\%$)

60. a) $4.746\,\%$ b) $4.746\,\%$ c) $49.074\,\%$

61. $6.7\,\%$

62. $7.3\,\%$
    (Die Firma produziert für einen Schraubenhersteller enorm viel Ausschuss.)

63. Näherung: $13.3\,\%$
    Exakter Wert: $16.2\,\%$

64. Näherung: $24.3\,\%$
    Exakter Wert: $25.3\,\%$

65. Wahrscheinlichkeit für die Ziffer 7: 0.1
    zu erwarten: 100-mal
    10 % öfter: 110-mal und mehr
    Näherung: $14.6\,\%$
    Exakter Wert: 15.8%

66. a) einseitiger Signifikanztest
        $H_0: p \leq 0.01$, $H_1: p > 0.01$
    b) einseitiger Signifikanztest
        $H_0: p \geq 0.95$, $H_1: p < 0.95$
    c) zweiseitiger Signifikanztest
        $H_0: p = 0.5$, $H_1: p \neq 0.5$

67. einseitiger Signifikanztest
    $H_0: p \geq 80\,\%$, $H_1: p < 80\,\%$
    $n = 25$, $\alpha = 0.05$
    Ablehnungsbereich $\{0 \ldots 16\}$
    Annahmebereich $\{17 \ldots 25\}$
    $x = 14 \to$ Ablehnung, d.h. die Behauptung, die Person könne das Geschlecht mit 80 % Wahrscheinlichkeit voraussagen, wird abgelehnt.

68. einseitiger Signifikanztest
    $H_0: p \geq 0.75$, $H_1: p < 0.75$
    $n = 20$, $\alpha = 0.05$
    Annahmebereich $\{12 \ldots 20\}$
    Ablehnungsbereich $\{0 \ldots 11\}$
    $x = 14 \to$ Annahme, d.h. kein Widerspruch zur Behauptung der Firma.

69. einseitiger Signifikanztest
H_0: p = $^1/_6$, H_1: p > $^1/_6$
n = 1000, α = 0.005
Annahmebereich {0, ...,197}
Ablehnungsbereich {198, ...,1000}
x = 185 $\to$ Annahme, d.h. die Person hat keine hellseherischen Fähigkeiten.

70. einseitiger Signifikanztest
H_0: p ≤ 0.1, H_1: p > 0.1
n = 200, α = 0.05
Annahmebereich {0 ... 27}
Ablehnungsbereich {28 ... 200}
x = 30 $\to$ Ablehnung
d.h. die Beliebtheit der Sendung hat sich verbessert.

71. zweiseitiger Signifikanztest
H_0: p = 0.5, H_1: p ≠ 0.5
n = 20, α = 0.05
Annahmebereich {6 ... 14}
Ablehnungsbereich {0 ... 5 und 15 ... 20}
x = 14 $\to$ Annahme,
d.h. die Münze ist fair

72. zweiseitiger Signifikanztest
H_0: p = 0.5, H_1: p ≠ 0.5
n = 200, α = 0.05
Annahmebereich {86 ... 114}
Ablehnungsbereich {0 ... 85 und 115 ... 200}
x = 110 $\to$ Annahme,
d.h. die Münze ist fair

73. a) –
b) 2 Sechser in Folge und es kann mit einem Signifikanzniveau von 5 % darauf geschlossen werden, dass der Gegner betrügt.

Bildquellen

Schlussworte

Urheberrechte & Bildquellen

Das vorliegende Werk erhebt keinen Anspruch auf wissenschaftliche Originalität, sondern stellt eine Einführung in die Thematik dar. Bei der Erstellung der Unterlagen wurden die freie Enzyklopädie Wikipedia und andere Quellen unter freien Lizenzen konsultiert. Die Texte enthalten deshalb teilweise Paraphrasen aus diesen Quellen. Viele der Übungen wurden selbst verfasst. Bei vielen Aufgaben liess ich mich dabei von Aufgaben von Kolleginnen und Kollegen inspirieren.

Die Bildquellen und zugehörigen Urheberrechte sind im jeweiligen Skript detailliert aufgeführt. Sie dürfen, sofern entsprechend ausgewiesen, im Rahmen der jeweiligen freien Lizenzverträge (Creative Commons www.creativecommons.org, GNU Public Licence www.gnu.org, Public Domain) weiterverwendet werden.

Danksagungen

Ich möchte meinen aufrichtigen Dank an meine Kolleginnen und Kollegen sowie an die engagierten Schülerinnen und Schüler aussprechen, die sich die Zeit genommen haben, mir Fehler und Unstimmigkeiten in den Skripten zu melden. Ein besonderer Dank gilt meiner Frau Caroline, die die Skripte sorgfältig gegengelesen und wertvolle Korrekturen vorgenommen hat. Ihre Unterstützung war von unschätzbarem Wert und hat massgeblich zur Verbesserung der Skripte beigetragen.

Über den Autor

Christian Wyss schloss sein Studium in Physik, Mathematik und Philosophie an der Universität Bern ab, wo er in angewandter Laserphysik promovierte. Bereits während seiner Studienzeit engagierte er sich als Lehrer an verschiedenen Gymnasien. In der Folge vertiefte er seine Expertise in der universitären Forschung als Postdoctoral Fellow an den Universitäten von Canterbury und Otago in Neuseeland. Bevor er sich seinem Berufsziel als Gymnasiallehrer zuwandte, erweiterte er seinen Erfahrungshorizont und wirkte als Patent- und Innovationsexperte beim eidgenössischen Amt. Im Anschluss gründete und leitete er erfolgreich eine Spin-off-Firma in der Technologiebranche.

mathema

Das altgriechische Wort μάθημα (máthēma) bedeutet Wissen, Studium, Lehre, Unterricht und heisst wörtlich „das, was gelernt wurde".

Klassenmaterial

Mit dem Erwerb dieses Buches erhalten Sie gleichzeitig die Berechtigung zur Nutzung der Unterrichtsunterlagen für Ihre Schülerinnen und Schüler. Im Internet stehen Kopiervorlagen der Unterrichtsunterlagen, bestehend aus unausgefüllten Skripten und den dazugehörigen Lernzielen, zum Download zur Verfügung.

Adresse: www.mathema.ch / Passwort: %43GtP7J

www.ingramcontent.com/pod-product-compliance
Lightning Source LLC
LaVergne TN
LVHW060353200726
843506LV00003B/201